普通高等学校"十四五"规划BIM技术应用新形态教材
1+X建筑信息模型（BIM）职业技能等级证书考核培训教材

BIM应用技术

栗新然　赵月苑　郭　琪◎著

立体化教材，配备多种**数字资源** ○
采用**新标准、新技术、新工艺、新案例** ○

U0279337

华中科技大学出版社
http://www.hustp.com
中国·武汉

内容提要

本书指导读者在掌握 Revit 软件应用工具的前提下完成族实例的创建，在创建族实例的过程中巩固绘制命令和参数应用知识，最终将族运用于实际项目中。

全书分 7 章，内容包括族的简介、族编辑器与族样板、注释族的创建、轮廓族的创建、结构族的创建、建筑族的创建和设备族的创建。在前期 Revit 建模的基础上，通过族构件、体量的创建，读者将进一步掌握建筑参数化设计、建筑模块化设计、标准化设计的方法与技巧，系统地了解、熟悉和掌握 BIM 族应用的方法和技巧。

本书可作为高等院校相关课程的教学用书，也可作为建筑师、三维设计爱好者的学习用书。

图书在版编目（CIP）数据

BIM 应用技术 / 栗新然，赵月苑，郭琪著. —武汉：华中科技大学出版社，2022.8
ISBN 978-7-5680-8624-0

Ⅰ.①B… Ⅱ.①栗… ②赵… ③郭… Ⅲ.①建筑设计—计算机辅助设计—应用软件 Ⅳ.① TU201.4

中国版本图书馆CIP数据核字(2022)第154764号

BIM 应用技术
BIM Yingyong Jishu

栗新然　赵月苑　郭琪　著

策划编辑：　胡天金
责任编辑：　周怡露
封面设计：　金　刚
责任监印：　朱　玢
出版发行：　华中科技大学出版社（中国·武汉）　　电话：（027）81321913
　　　　　　武汉市东湖新技术开发区华工科技园　　邮编：430223
录　　排：　华中科技大学惠友文印中心
印　　刷：　武汉科源印刷设计有限公司
开　　本：　787mm×1092mm　1/16
印　　张：　18
字　　数：　449 千字
版　　次：　2022 年 8 月第 1 版第 1 次印刷
定　　价：　55.00 元

前　言

BIM 设计软件很多，目前 Autodesk Revit 的应用较为广泛。该软件是有效创建信息化建筑模型和各种建筑施工文档的设计工具。在前期 Revit 建模的基础上，通过族构件、体量的创建，进一步掌握建筑参数化设计、建筑模块化设计标准化设计的方法与技巧，系统地了解和掌握 BIM 族应用的方法和技巧。它不仅是一款全新的设计、绘图工具，也将建筑业信息技术推向又一个高峰。而族的创建和使用则是 Revit 系列软件中非常重要的环节之一，在掌握软件应用工具的前提下完成族实例的创建，在创建实例的过程中巩固绘制命令及参数应用知识，最终将族运用于实际项目中。

在 Revit 系列软件中族是组成项目的构建要素，同时是参数信息的载体。在项目设计开发过程中族工具用于建筑模型的构建，例如柱、基础、框架梁、门窗，以及详图、注释和标题栏等。

族是一个包含通用属性（称作参数）集和相关图形表示的图元组。属于一个族的不同图元的部分或全部参数可能有不同的值，但是参数（其名称与含义）的集合是相同的。族中的这些变体称作族类型或类型。例如，家具族包含可用于创建不同家具（如桌子、椅子和橱柜）的族和族类型。尽管这些族有不同的用途，并由不同的材质构成，但它们的用法却是相关的。

本书按照建模的顺序及难易程度，把全书内容分为 7 个章节。第 1 章为族简介，详细介绍了族的定义、作用及分类；第 2 章为族编辑器与族样板，详细讲解了族编辑器的各种命令及族样板的特点及应用。第 3 章至第 7 章主要讲族实例的创建：第 3 章讲解注释族的创建；第 4 章讲解轮廓族的创建；第 5 章讲解结构族的创建；第 6 章讲解建筑族的创建；第 7 章讲解设备族的创建。本书可作为高等院校相关课程的教材，也可作为建筑师、三维设计爱好者的学习用书。

本书由重庆建筑科技职业学院栗新然、赵月苑和重庆地质矿产研究院郭琪著，第 1 章由郭琪完成；其中第 2 章、第 3 章、第 5 章、第 6 章由栗新然完成，第 4 章、第 7 章由赵月苑完成。

由于时间紧迫，书中难免有疏漏之处，还请广大读者指正。

目　　录

第1章 族简介

Revit 系列软件是一款专业的三维参数化建筑 BIM 设计软件，是有效创建信息化建筑和各种建筑施工文档的设计工具。在项目设计开发过程中其用于建筑模型的构建，例如柱、基础、框架梁、门窗以及详图。注释和标题等都是利用族工具创建出来的，因此熟练掌握族的创建和使用是掌握 Revit 系列软件的关键。本书将详细介绍 Revit 中各种族的相关内容。

1.1 Revit 的基本术语

Revit 中所用的大多数术语都是行业通用的标准术语，但一些针对族的术语在 Revit 中有特殊定义，所以在学习族的创建之前先了解 Revit 基本概念。

族的简介

1.1.1 项目

在 Revit 中开始项目设计，需要新建一个"项目"。而这个项目是指单个设计信息数据库，包含了建筑的所有设计信息（从几何图形到构造数据），包括完整的三维建筑模型、所有的设计视图（平、立、剖、大样节点、明细表等）和施工图图纸等信息。而且这些信息之间都相互关联，当修改其中某一个视图时，整个项目随之修改，实现了"一处更新，处处更新"。这样可以自动避免各种不必要的设计错误，大大减少建筑设计和施工期间由于图纸错误引起的设计变更和返工，提高设计效率和施工质量。

1.1.2 图元、类别、类型、实例

1. 图元

Revit 是通过在设计过程中添加图元来创建建筑模型的。图元有三种：模型图元、基准图元、视图专有图元。

（1）模型图元。模型图元是表示建筑的实际三维几何图元，它们显示在模型的相关视图中。模型图元又分为两种，分别是主体图元和模型构建图元。例如墙、屋顶等都属于主体图元；窗、门、橱柜等都属于模型构建图元。

（2）基准图元。基准图元是指可以帮助项目定位的图元，例如标高、轴网和参照平面等。

（3）视图专有图元。视图专有图元只显示在放置这些图元的视图中，可以帮助对模型进行描述或归档。视图专有图元也可以分为两种，分别是注释图元和详图图元。例如尺寸标注、标记等都是注释图元。详图线、填充区域和二维详图构建等都是详图图元。

2. 类别

类别是以建筑构件性质为基础，对建筑模型进行归类的一组图元。在 Revit 项目（和样板）中所有正在使用或可用的族都显示在项目浏览器中的"族"下，并按图元类别分组，如图 1-1 所示。

展开"窗"类别，可以看到它包含不同的窗族。在该项目中创建的所有窗都将属于这些族中的某一个，如图 1-2 所示。

图 1-1   图 1-2

3. 类型

族可以有多种类型。类型用于表示同一族的不同参数值，例如某个"推拉窗"包含的类型如图 1-3 所示。

图 1-3

4. 实例

实例是指放置在项目中的实际项（单个图元）。

1.1.3　族

在 Revit 中，族是组成项目的构件，同时是参数信息的载体。族是一个包含通用属性（称作参数）集和相关图形表示的图元组。属于一个族的不同图元的部分或全部参数可能有不同的值，但是参数（其名称与含义）的集合是相同的。族在这些变体中称为族类型或类型。例如家具族包含可用于创建不同的家具的族和族类型。尽管这些族具有不同的用途、不同的材质，但它们的用法却是相关的。族中的每一类型都具有相关的图元表示和一组相同的参数，称为族类型参数。

1.2　族的作用

（1）系统族和标准构件族是样板文件的重要组成部分，而样板文件对设计工作环境的设置，对软件的应用至关重要。标准族中的注释族与构建族参数设置以及明细表之间的关系密不可分。

以窗族的图元的可见性和详细程度设置来说明族的设置与建筑设计表达的关系。在进行建筑设计时，平面图中的窗显示样式要按照设计规范，Revit 为设计师们提供了图元可见性和详细程度设置。图 1-4 是窗族在项目文件中的实例分别在"粗略"和"精细"详细程度下的平面视图和立面视图。由此可以看出，Revit 中族的设置与建筑设计表达是紧密相连的。

（2）异形造型的在位创建包括内建族、体量族。内建族的创建可以在项目中创建各种各样异形的形体。体量族空间提供了三维标高等工具，并预设了两个重直的三维参照面，为创建异形形体提供了很好的环境。

（a）平面及立面（粗略）　　　　　　（b）平面及立面（精细）

图 1-4

（3）族的实用性和易用性对设计效率提升有重要作用。以万能窗的应用为例，创建一个万能窗族载入项目后，对其参数（材质参数、竖梃横梃相关参数、窗套的相关参数）进行修改，可以得到多种多样的窗（图 1-5），为设计师提供了很大的方便。

图 1-5

1.3　族的分类

Revit 所用到的族大致可以分为三类：系统族、内建族和可载入族。

1.3.1　系统族

1. 定义

系统族是已经在项目中预定义并只能在项目中进行创建和修改的族类型，例如墙、楼板、天花板、轴网、标高等。它们不能作为外部文件载入或创建，但可以在项目和样板间复制、粘贴或传递系统族类型。

2. 系统族的创建和修改

以墙为例来具体介绍系统族的创建和修改。

单击"建筑"选项卡→"构建"面板→"墙"命令下拉按钮，单击"墙"命令，在"属性"对话框中选择需要的墙类型。在选项栏里，指定任何必要的值或选项，然后在视图中创建后，再在绘图区域进行绘制，如图 1-6 所示。

图 1-6

选中一面墙，打开"属性"对话框→"类型属性"对话框 →单击"复制"，在"名称"栏输入"常规 –200 mm"，单击"确定"，新建墙类型。若要修改墙体结构，单击"结构"→"编辑"按钮，打开"编辑部件"对话框，在"层"中插入构造层来修改墙体的内构造，如图1-7 所示。

图 1-7

3.在项目或样板之间复制系统族类型

如果仅需要将几个系统族类型载入项目或样板中，可按如下步骤进行：打开包含要复制的系统族类型的项目或样板，再打开要粘贴的项目，选择复制的类型，单击"修改墙"上下文选项卡中的"剪贴板"面板下的"复制"命令。单击"视图"选项卡下"窗口"面

板"切换窗口"命令，选择项目中要将族类型粘贴到其中的视图，单击"修改墙"上下文
选项卡的"剪贴板"面板，选择"粘贴"命令，如图 1-8 所示。此时系统族将被添加到另
一个项目中，并显示在项目浏览器中。

图 1-8

4.在项目或样板之间传递系统族类型

如果要传递许多系统族类型或系统组设置（例如需要创建新样板时），可按如下步骤
进行：分别打开要从中传递系统族类型的项目，单击"管理"选项卡→"项目设置"面板
→"传递项目标准"命令，弹出"选择要复制的项目"对话框，将要从中传递族类型的项
目的名称作为"复制自"。该对话框中列出了所有可从项目中传递的系统族类型，要传递
所有的系统族类型，单击"确定"。仅要传递选择的类型，请单击"放弃全部"，接着只
选择要传递的类型，然后单击"确定"，如图 1-9 所示。

图 1-9

在项目浏览器中的"族"下，展开已将类型传递到其中的系统族，确认是否显示了该类型。

1.3.2 内建族

1.定义

内建族只能储存在当前的项目文件里，不能单独存成 RFA 文件，也不能用在别的项目文件中。内建族可以在项目中创建各种异形造型以及导入其他三维软件创建三维实体模型，同时通过设置内建族的族类别，还可以使内建族具备相应族类别的特殊属性以及明细表的分类统计。比如：在创建内建族时设定内建族的族类别为屋顶，则该内建族就具有了使墙和柱构件附着的特性,可以在该内建族上插入天窗(基于屋顶的族样板制作的天窗族)。

2.内建族的创建与修改

运用系统族的最佳做法是：仅在必要时使用它们。如果项目中有许多内建族，将增加项目文件的大小，并降低系统的性能。

以异形屋顶为例来介绍内建族的创建和修改。

单击"创建"选项卡→"构件"面板→"内建模型"命令，如图 1–10（a）所示，选择族类别：常规模型，如图 1–10（b）所示，然后重命名输入名称"屋顶"，如图 1–10（c）所示，进入创建族模式。

（a）　　　　　　　　　　　　　　（b）

图 1–10

名称　　　　　　　　　　　　　　　　　　×

名称(N)：屋顶

确定　　　　取消

（c）

续图 1-10

　　进入"标高 1"视图绘制四条参照平面，单击"创建"选项卡"形状"面板中"拉伸"命令，单击"工作平面"面板，弹出"工作平面"对话框。选择"拾取一个平面"，单击"确定"，如图 1-11 所示，按下 Tab 键拾取参照平面后鼠标单击，弹出"转到视图"对话框，选择"南"，单击"打开视图"转到"南"立面视图。

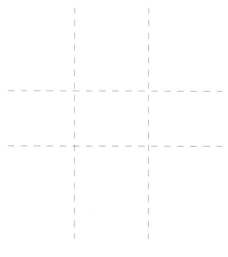

工作平面　　　　　　　　　　　　　　　　　×

当前工作平面
名称：
标高：标高 1

显示　　　　取消关联

指定新的工作平面
⦿ 名称(N)　　　标高：标高 1　　　　　∨
○ 拾取一个平面(P)
○ 拾取线并使用绘制该线的工作平面(L)

确定　　　取消　　　帮助

图 1-11

　　然后绘制屋顶形状，完成拉伸，如图1-12所示创建完成后可以在"族类型"中添加"材质参数"，为几何图形指定材质。

　　在项目浏览器的族类别和族下选择内建族类型。单击"修改族"上下文选项卡"剪贴板"面板的"粘贴"命令，单击视图放置内建族图元。此时粘贴的图元处于选中状态，以便根据需要对其进行修改。根据粘贴的图元类型，可以使用"移动""旋转"和"镜像"工具对其进行修改。

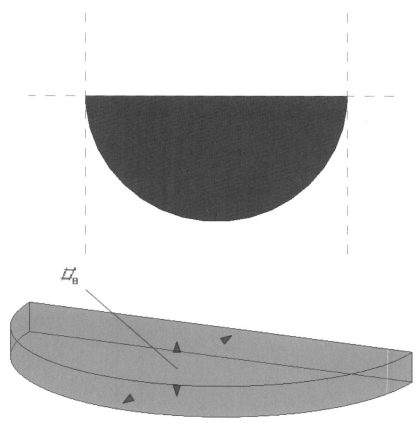

图 1-12

3. 在其他项目中使用内建族

　　虽然设计内建族的目的不是在 Revit 各个项目之间共享，但是可将它们添加到其他项目中。如果要在另一个项目中使用内建族，可执行以下操作。

　　（1）复制该内建族，然后粘贴到另一个项目中。

　　（2）将该内建族保存为组，然后将其载入另一个项目中。

　　要点：如果要复制的内建族是在参照平面上创建的，则必须选择并复制带内建族实例的参照平面，或将内建族作为组保存并将其载入项目中。

4.将内建族作为组载入项目中

选择内建族，单击"修改体量"上下文选项卡→"创建"面板→"创建组"命令，弹出"创建模型组"对话框，输入名称，单击"确定"，保存项目，如图1-13（a）所示。只有将项目浏览器中的内建族所创建的组保存到本地，这样才能将组载入另一个项目中使用。

选择"成组"面板上的"编辑组"命令，可以添加或删除图元，并查看"组属性"，如图1-13（b）所示。打开要载入内建族组的项目，单击"插入"选项卡→"从库中载入"面板→"作为组载入"。

（a）

（b）

图 1-13

1.3.3 可载入族

（1）定义。可载入族是使用族样板在项目外创建的 RFA 文件，可以载入项目中，具有高度可自定义的特征，因此可载入族是用户经常创建和修改的族。可载入族包括在建筑内和建筑周围安装的建筑构件，例如窗、门、橱柜、家具和植物等，此外，还包含一些常规自定义的注释图元，例如符号和标题栏等。创建可载入族时，需要使用软件提供的族样板，样板中包含创建的族的信息。

（2）有关可载入族的创建和修改将在第3章详细介绍。

（3）标准构件族在项目中的使用。单击"插入"选项卡→"从库中载入"面板→"载入族"命令，选择需要的族载入项目中，如图1-14所示。

将所需的构建族载入项目后，可直接在"创建"选项卡→"构件"面板中选择该类别的构件，再选取载入的类型，添加到项目中，还可以打开项目浏览器，选中载入的族直接拖到所要添加的位置。单击项目中的构件族，在"属性"对话框下直接修改属性，单击"属性"对话框→"类型属性"命令修改类型参数。

图 1-14

知识点小结

（1）项目是指包含了建筑的所有设计信息（从几何图形到构造数据）的单个设计信息数据库，包括完整的三维建筑模型、所有的设计视图（平、立、剖、大样节点、明细表等）和施工图图纸等信息。而且所有这些信息之间都保持关联关系，当修改其中某一个视图时，整个项目都跟着修改。

（2）图元有三种，分别是模型图元、基准图元、视图专有图元。

（3）族是组成项目的构件，同时是参数信息的载体，族是一个包含通用属性（称作参数）集和相关图形表示的图元组。

（4）Revit 用到的族大致可以分为三类，即系统族、内建族和可载入族。

（5）系统族是已经在项目中预定义并只能在项目中进行创建和修改的族类型，例如墙、楼板、天花板、轴网、标高等。它们不能作为外部文件载入或创建，但可以在项目和样板间复制、粘贴或传递系统族类型。

（6）内建族可以在项目中实现各种异形造型的创建以及导入其他三维软件创建的三维实体模型，同时设置内建族的族类别，还可以使内建族具备相应族类别的特殊属性以及明细表的分类统计。

（7）可载入族是使用族样板在项目外创建的 RFA 文件，可以载入项目中，具有高度可自定义的特征，因此可载入族是用户经常创建和修改的族。

学习笔记

关键词

族；系统族；内建族；可载入族

习　　题

1. 在 Revit 中所用列的族大致可以分为哪三类？
2. 系统族的特点是什么？
3. 内建族的特点是什么？
4. 可载入族的特点是什么？
5. 用户经常创建和修改的族是什么？

第 2 章　族编辑器与族样板

2.1　族编辑器

2.1.1　族编辑器界面

族编辑器界面　应用程序菜单

2.1.1.1　应用程序菜单

单击操作界面左上角的"应用程序菜单"按钮 ![](见图 2-1），展开应用程序菜单，如图 2-2 所示。在此菜单中，提供了"新建""打开""保存""另存为""导出""发布""打印""关闭"等常用的文件操作。

1．"关闭"与"退出 Revit"

"关闭"命令 ![]：用于关闭当前正在编辑的文件。

图 2-1

图 2-2

"退出 Revit"命令 退出 Revit ：关闭当前所有打开的文件，并退出 Revit 应用程序。

2. "最近使用的文档"

默认情况下，在应用程序菜单的右部显示最近使用的文档列表，置顶的文件是最后使用的文件，如图 2-3 所示。使用此功能可以用来快速访问曾经处理过的项目。

（1）命令用于打开"最近使用的文档"列表，命令用于打开"打开文档"的列表。

（2）单击"按已排序列表"的下拉菜单，可根据需要设置文件排序方式，如图 2-4 所示。

（3）单击文件名后的 按钮，可将文件固定在文件列表中，不论之后的文件列表如何变动，被锁定的文件不会被清除出列表。

3. "选项"

单击右下角的"选项"按钮 选项 ，弹出"选项"对话框，用于控制的软件某些选项，如图 2-5 所示。

图 2-3 图 2-4

图 2-5

2.1.1.2 快速访问工具栏

"快速访问工具栏"（见图 2-6）用于放置一部分常用的命令与按钮，在下拉菜单中，可以自行勾选或取消勾选命令，此功能能显示或隐藏命令，如图 2-7 所示。

单击下拉菜单中的"自定义快速访问工具栏"，弹出对话框，如图 2-8 所示，可以自行定义快速访问工具栏中显示的命令及其顺序。

单击下拉菜单中的"在功能区下方显示快速访问工具栏"，则"快速访问工具栏"的位置将移动到功能区下方显示，同时，在下拉菜单中的该命令会变为"在功能区上方显示快速访问工具栏"。

图 2-6

图 2-7

图 2-8

2.1.1.3　属性对话框（可见性及详细程度）

属性对话框和项目浏览器

"属性对话框"显示了当前视图或图元的属性参数，其显示的内容随着选定对象的不同而变化。下面以墙的属性对话框为例来详细介绍对话框中各参数的意义。

属性对话框由"类型选择器""实例属性参数"和"编辑类型"三部分组成，如图 2-9 所示。

1. 类型选择器

打开下拉菜单，可以选择已有的族类型来代替此时选中的图元类型，避免反复修改图元参数，如图 2-10 所示。

图 2-9

图 2-10

2. 实例属性参数

实例属性参数中的列表显示了当前选择图元的各种限制条件类、图形类、尺寸标注类、标识数据类、阶段类等实例参数及其数值。修改实例参数可以改变当前选择图元的外观尺寸等。

3. 编辑类型

单击"编辑类型"按钮，即打开"类型属性"对话框，如图 2-11 所示。

图 2-11

在"类型属性"对话框中，可对选定的族类型进行"复制"和"重命名"的操作。"复制"命令主要是在当前族类型的基础上创建新类型，单击"复制"按钮，弹出如图 2-12 所示的对话框，输入新名称后，根据需要对新类型参数进行修改。

"载入"命令用于从已知的存储族中载入所需要的族。

"类型属性"对话框开启方式，有以下三种，如图 2-13 所示。

（1）单击"修改"选项卡→"属性"面板→"属性"命令，如图 2-13（a）所示。

（2）单击"视图"选项卡→"窗口"面板→"用户界面"下拉菜单，勾选"属性"选项，如图 2-13（b）所示。

（3）在绘图区域空白处单击右键，勾选"属性"选项，如图 2-13（c）所示。

图 2-12

（a）　　　　　　　　　　（b）　　　　　　　　　　（c）

图 2-13

2.1.1.4　项目浏览器

项目浏览器用于显示当前项目中所有视图、明细表、图纸、族、组、链接的 Revit 模型和其他部分的逻辑层次。单击"+"和"-"，可以展开和折叠各个分支显示下一层项目。

同时，选中项目浏览器的相关项，单击右键，可以进行复制、删除、重命名等相关操作，如图 2-14 所示。

打开项目浏览器的方式：单击"视图"选项卡→"窗口"面板→"用户界面"下拉菜单，勾选"项目浏览器"选项。

图 2-14

2.1.1.5　信息中心

信息中心各部分名称，如图 2-15 所示。

1. 搜索 🔍

在搜索框中输入需要搜索的内容，单击"搜索"按钮，即可得到所需要的信息。

2. 通信中心

单击"通信中心"按钮，将显示有关产品更新和通告的信息链接。收到新的信息时，通信中心将在按钮下方显示气泡式消息来提醒用户。

3. 收藏夹 ☆

收藏夹用于保存主题和网址链接。

4. 帮助 ⑦ ▾

"帮助"按钮用于打开帮助文件。帮助文件能使用户更快地了解软件和掌握软件的操作方法。在下拉菜单（见图 2-16）中，我们可以找到更多的教程、新功能专题研习、族手册等帮助资源。

图 2-15

图 2-16

2.1.1.6　选项栏

当选择不同的工具命令时，命令附带的选项会显示在选项栏中；选择不同的图元时，与此图元相关的选项也会显示在选项栏中。在选项栏中可自行设置和编辑相关参数，如图 2-17 所示。

（a）"偏移"命令选项栏

（b）"拉伸"命令选项栏

图 2-17

2.1.1.7　导航栏

用于当访问导航工具，使用放大、缩小、平移等命令以调整窗口中的可视区域。在下拉菜单中可以根据需要选择，如图 2-18 所示。

图 2-18

2.1.1.8　绘图区域

绘图区域默认背景为白色，在"应用程序菜单"→"选项"按钮→"图形"选项卡→"颜色"面板中可以对背景颜色进行调整，如图 2-19 所示。

2.1.1.9　视图控制栏

视图控制栏用于快速访问影响绘图区域的功能，如图 2-20 所示。

2.1.1.10　状态栏

状态栏用于显示与要执行的操作相关的提示。图元或构件高亮显示时，状态栏会显示族的类型和名称。状态栏右侧图标的意义如下。

（1）选择时拖曳图元：允许用户单击并拖曳图元，而无须先选择该图元。

（2）过滤器：显示选择的图元数并优化在视图中选择的图元类别。

图 2-19

图 2-20

2.1.1.11 功能区

功能区提供了族创建和编辑的所有工具，这些命令与工具根据类别分别被放置在不同的选项卡中，如图 2-21 所示。

图 2-21

1. 选项卡

族编辑器中默认有 "创建" "插入" "注释" "视图" "管理" "修改" 6 个选项卡，如果安装了基于 Revit 的插件，则会增加 "附加模块" 选项卡。

2. 上下文选项卡

当我们选择某图元或者激活某命令时，功能区的 "修改" 选项卡后会出现上下文选项卡，上下文选项卡中列出了和该图元或命令相关的所有子命令工具，例如选择拉伸的图元时，会出现如图 2-22 所示的上下文选项卡。

子选项卡

图 2-22

3. 功能面板

每个选项卡中都将其中的命令和工具根据其特点分到不同的面板中，例如 "创建" 选项卡下就有 "属性" "形状" "模型" "控件" "连接件" "基准" 和 "工作平面" 面板。若命令旁有下拉箭头，则表明该命令下有更多选项，如图 2-23 所示。

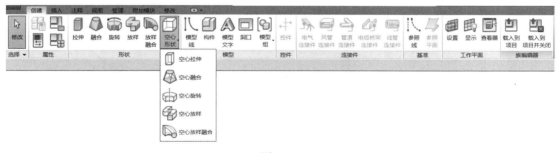

图 2-23

功能区的各种命令会在接下来的章节中详细介绍。

4.启动程序箭头

启动程序箭头 ⧨ 出现在某些功能面板的右上方。单击此箭头，会弹出一个对话框。该对话框用来定义设置或完成某项任务，如图 2-24 所示。

图 2-24

5.自定义功能区

（1）功能面板的移动。将光标移动到面板标签上，按住左键不松动，将选中的目标拖曳到功能区上所需要的位置，即能实现功能面板的移动。

（2）功能面板单独放置。当我们需要单独使用某面板并使其处于明显位置的时候，我们选择将功能面板单独放置。将光标移动到所需移动的面板标签上，按住左键不松动，将选中的目标拖曳到绘图区域上即实现功能面板的单独放置。若需将功能面板放置到原来的位置，只需对准该面板长按左键，当面板如图 2-25 所示时，即可拖动到所需位置。

（3）功能区视图状态设置。功能区选项卡的最右侧有下拉菜单符号，打开后显示了不同的选项，单击这些选项，可以控制功能区的视图状态，如图 2-26 所示。

图 2-25　　　　　　　　　　　　　图 2-26

2.1.2　功能区基本命令

2.1.2.1　修改

1."修改"选项卡

"修改"选项卡由"选择""属性""剪贴板""几何图形""修改""测量""创建"和"族编辑器"8 个面板组成，如图 2-27 所示。

图 2-27

（1）"选择"面板。

"选择"面板用于选择需要编辑的图元，其使用有以下两种方式。

①点选。将光标靠近所需选择的图元，当高亮线框显示时，单击左键，图元高亮显示。需要多选时，按住 Ctrl 键左击即可选择多个图元；需要排除某个图元时，按住 Shift 键左击选择需要排除的图元。

选择面板

②框选。在空白处按住左键，从左向右拉开范围选择框，当需要选择的图元已经在范围框内时松开左键。

若框选的图元中有需要排除的图元，可按 Shift 键排除，也可以在修改选项卡下的"过滤器"（图 2-28）中排除不需要的图元，如图 2-29 所示。

③选择全部实例。左击需要选择的一类图元中的某个实例，图元高亮显示时点击鼠标右键，在快捷菜单中单击"选择全部实例"命令，如图 2-30 所示，系统自动筛选并选择所有相同类型的实例。此种选择方法用于快速编辑某一类图元。

图 2-28

图 2-29

图 2-30

提示：①用 Tab 键可切换选择相连的图元。

②"选择"功能面板会出现在所有选项卡中。

（2）"属性"面板。

"属性"面板用于查看和编辑对象属性的合集。

①"属性"按钮。属性对话框的开关。系统默认属性对话框在族编辑器界面中显示，若需要隐藏属性对话框，可以单击"属性"按钮，如图 2-31 所示。

图 2-31

属性对话框的详细内容已经在 2.1.1.3 中介绍过，在此不再进行详述。

②族类别和族参数。单击"族类别和族参数"按钮 🖳，弹出对话框，如图 2-32 所示。

a. 族类别。

一般情况下，族类别默认为族样板名。在需要灵活应用族样板时，可以自行选择所需要的族类别。族类别决定了族在项目中的使用特性。

图 2-32

b. 族参数。

此对话框内的族参数是指此族在项目使用过程中的特性。不同的"族类别"所显示"族参数"（见图 2-33）不尽相同。这里以"常规模型"为例来介绍"族参数"的应用。

"常规模型"为通用族，不带有任何特定族的特性，只有形体特征，以下是其中一些"族参数"的意义。

图 2-33

• 基于工作平面。

若选择"基于工作平面"，即使选择"公制常规模型 .rft"作为样板，所创建的族也只能放置于指定的工作平面或者某个实体表面。一般情况下，此选项不勾选。

• 总是垂直。

对于勾选了"基于工作平面"的族和用"基于面的公制常规模型 .rft"创建的族，如果选择"总是垂直"，族将相对于水平面竖直放置；若没有选择"总是垂直"，族将默认垂直于所设置的工作平面，如图 2-34 所示。

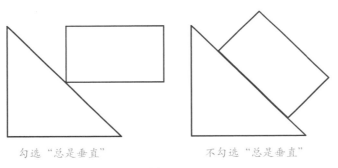

勾选"总是垂直"　　　　　　　　不勾选"总是垂直"

图 2-34

• 加载时剪切的空心。

在项目中选择了"加载时剪切的空心"的族时，会附带可剪切的空心信息。也就是说，当族在制作过程中定义了空心剪切，不勾选这个选项，在载入项目之后，族的使用中不会自动出现已经定义的空心剪切或空心形状，如图 2-35 所示。

• 可将钢筋附着到主体。

"可将钢筋附着到主体"是 Revit 为"公制常规模型"定制的一项新功能。创建的族应用了"公制常规模型 .rft"，若勾选了此选项，在使用 Revit 打开的项目中，只要剖切此族，用户就可以在这个族的剖面上自由添加钢筋。

勾选"加载时剪切的空心"   不勾选"加载时剪切的空心"

图 2-35

・部件类型。

"部件类型"和"族类型"密切相关，在选择族类别时，系统会自动匹配相对应的部件类型，用户一般不需要再次修改。

・共享。

在制作嵌套族过程中，若子族勾选过"共享"选项，当父族载入项目中时，子族也可以被同时调用，达到"共享"。一般情况下，默认不勾选。

③族类型。在族类别和族参数设置完成后，单击"族类型"，打开"族类型"对话框对族类型和参数进行设置，如图 2-36 所示。

图 2-36

a. 新建族类型。

"族类型"是在项目中用户可以看到的族的类型。一个族可以有多个类型,每个类型可以有不同的尺寸形状,并且可以分别调用。在"族类型"对话框右上角单击"新建"按钮以添加新的族类型。对于已经存在的族类型还可以进行"重命名"和"删除"的操作。

b. 添加参数。

参数对于族来说十分重要,正是因为有了参数,族才有了强大的生命力。这种生命力具体体现在高利用率、多变性等族的特性上。

单击"族类型"对话框中右侧的"添加"按钮,打开"参数属性"对话框,如图 2-37 所示。具体的参数分类及应用已在上文中提到,在此不作详述。

提示:"属性"功能面板会出现在"创建"和"修改"选项卡中。

图 2-37

（3）"剪贴板"面板。

① "剪切"命令。"剪切"命令（见图 2-38）主要用于将选中的图元从原视图中剪切下来放置于粘贴板中,再将其用"粘贴"命令插入所需要位置。

具体操作步骤如下。

a. 选择需要剪切的图元。

b. 图元高亮显示后,单击"剪切"命令。

图 2-38

② "复制"命令。"复制"命令 用于将选中的图元复制到粘贴板中,再利用"粘贴"命令将其放置到当前视图、其他视图或另一个项目中。

具体操作步骤如下。

a. 选择需要复制的图元。

b. 图元高亮显示后，单击"复制"命令。

③ "粘贴"命令。"粘贴"命令用于将已选中的图元粘贴到需要的位置。在"粘贴"命令的下拉菜单（见图 2-39）中，我们可以看到不同的粘贴选项。

下面我们来一一解释其用途。

a. 从剪贴板中粘贴。

将图元从剪贴板粘贴到当前视图中，具体操作如下。

• 选择需要移动或复制的图元进行剪切或复制（详见①和②）。

• 单击"粘贴"命令下的下拉菜单，选择"从剪贴板中粘贴"。

• 单击将图元放置在所需的位置，然后可以使用"移动""旋转""对齐"命令或者其他工具来调整其位置。

图 2-39

b. 与选中的标高对齐。

将多个图元从一个标高粘贴到制定的标高，具体操作如下。

选择一个或者多个图元，使用"剪切"或"复制"命令。

单击"粘贴"命令下的下拉菜单，选择"与选定的标高对齐"，弹出对话框，如图 2-40 所示。在对话框的列表中选择所需要的标高。若需要选择多个标高，则按住 Shift 键或者 Ctrl 键同时单击。

c. 与选定的视图对齐。

将选定的图元（包括视图专有图元，如尺寸标注）粘贴到指定的视图中，具体操作如下。

• 选择图元进行"剪切"或"复制"。

• 单击"粘贴"命令下的下拉菜单，选择"与选定的视图对齐"。

• 在弹出的对话框中选择需要的视图，如图 2-41 所示。若需要在列表中选择多个视图，可以按住 Shift 键或者 Ctrl 键同时单击。

图 2-40

图 2-41

d. 与当前视图对齐。

将从其他视图中剪切或复制的图元粘贴到当前视图中，具体操作如下。

·在视图 1 中选择图元，进行"剪切"或者"复制"。

·进入视图 2，在"粘贴"命令的下拉菜单中选择"与当前视图对齐"。

e. 与同一位置对齐。

将图元粘贴到与原有图元（被剪切或复制的图元）相同的位置。此选项用于在工作集或设计选项之间粘贴图元，还可用于在两个共享坐标文件之间进行粘贴。

f. 与拾取的标高对齐。

将选定的图元粘贴到立面视图或剖面视图中，具体操作如下。

·选择图元进行"剪切"或"复制"命令。

·进入立面或者剖面视图，单击"粘贴"命令下拉菜单，选择"与拾取的标高对齐"。

图 2-42

·在立面或者剖面视图中选择需要的标高。

④ "匹配类型属性"命令。

"匹配类型属性"命令（见图 2-42）用于转换一个或多个图元，使其与同一视图中的其他图元的类型相匹配，具体操作如下，如图 2-43 所示。

a. 单击"匹配类型属性"命令。

b. 选择需要转换成类型的某个实例。

c. 单击选择需要转换的图元。

d. 若有多个图元需要转换，单击"选择多个"命令，用 Ctrl 键和 Shift 键选择多个图元，单击"完成"。

提示："匹配类型属性"仅在同一个视图中有效，不能在项目视图之间匹配类型。选择的图元必须属于同一种类别。

（a）匹配一个图元

图 2-43

（b）匹配多个图元

续图 2-43

（4）"几何图形"面板。

"几何图形"面板（见图 2-44）由"剪切""连接""拆分面""填色"四项命令组成，用于图元中几何图形的编辑。

图 2-44

①"剪切"命令。此处的"剪切"命令不同于剪贴板中剪切命令。"几何图形"面板中的"剪切"命令用于有部分重叠的图元进行几何剪切或者从实心形状剪切实心或空心形状。

以空心形状剪切实心形状为例，如图 2-45 所示，具体操作如下。

a. 在"剪切"命令下拉菜单中选择"剪切几何图形"。

b. 选择空心形状几何图形。

c. 选择实心形状几何图形，剪切完成。

提示："取消剪切几何图形"除在"a"步骤中选择不同外，其他操作步骤与"剪切几何图形"相同。

图 2-45

② "连接" 命令。"连接几何图形" 命令用于在共享公共面的 2 个或更多主体图元（如墙和楼板）之间创建连接。此命令将删除连接的图元之间的可见边缘，之后连接的图元便可共享相同的线宽和填充样式，如图 2-46 所示。

未连接的几何图形　　　　　　连接后的几何图形

图 2-46

具体操作如下，如图 2-47 所示。

a. 在 "连接" 命令下拉菜单中选择 "连接几何图形"。

b. 分别单击需要连接的两个几何图形。

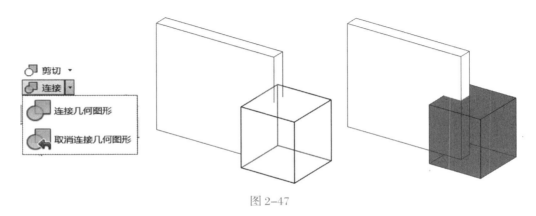

图 2-47

提示："取消连接几何图形"除在"a"步骤中选择不同外，其他操作步骤与"连接几何图形"相同。

③"拆分面"命令。"拆分面"命令 🗔 是用于将图元（如墙或柱）的面分割成若干区域，以便使用不同的材质。此命令只能拆分图元的选定面，而不会产生多个图元，也不会修改图元的结构。"拆分面"命令通常与"填色"命令配合使用。

具体操作步骤如图 2-48 所示。

图 2-48

a. 单击"修改"选项卡→"几何图形"面板→"拆分面"命令。

b. 选择需要拆分的面。

c. 绘制需要拆分的几何形状。

d. 单击"完成"。

④"填色"命令。"填色"命令 🗔 用于将材质赋予图元的面，常与"拆分面"命令配合使用。具体操作如图 2-49 所示。

a. 单击"修改"选项卡→"几何图形"面板→"填色"工具下拉菜单"填色"命令。

b. 在弹出的对话框中选择所需的材质。

c. 单击需要修改材质的面。

d. 单击对话框右下角的"完成"。

（5）"修改"面板。

①"对齐"命令。"对齐"命令 🗔 用于将一个或多个图元与选定的图元对齐，具体操作如图 2-50 所示。

修改面板 – 对齐和移动命令

图 2-49

图 2-50

a. 单击"修改"选项卡→"修改"面板→"对齐"命令。

b. 选择对齐的目标图元。

c. 选择需要对齐的图元。

d. 若将出现的小锁锁定,则能确保此对齐不受其他模型修改的影响。

② "移动"命令。"移动"命令✛用于将选定图元移动到当前视图中指定的位置,具体操作如图 2-51 所示。

a. 选择需要移动的图元。

b. 待图元高亮显示后,单击"修改"选项卡→"修改"面板→"移动"命令。

c. 单击选择移动点。

d. 选定图元需要移动到的位置,左击鼠标完成移动。也可以选定移动方向,输入移动距离,左击鼠标或者按 Enter 键完成移动操作。

图 2-51

提示：拖曳图元同样能够达到移动图元的目的，但是，"移动"工具能够通过输入数据更加精确地确定放置点。

③"偏移"命令。"偏移"命令⊥用于将选定的图元（例如线、墙或梁）复制或移动到与其长度垂直方向上的指定距离处。"偏移"有两种形式，即"图形方式"与"数值方式"。

a. "图形方式"具体操作，如图 2-52 所示。

• 单击"修改"选项卡→"修改"面板→"偏移"命令。

修改面板 – 偏移和复制命令

图 2-52

• 选择"图形方式"，根据需要选择是否勾选"复制"。

• 选择需要偏移的图元。

• 图元高亮显示后，在图元上选择偏移点。

• 在偏移方向上拖曳到放置点后单击鼠标完成偏移；也可以在输入偏移量，单击鼠标左键或按 Enter 键完成偏移。

b. "数值方式"具体操作，如图 2–53 所示。

图 2–53

• 单击"修改"选项卡→"修改"面板→"偏移"命令。

• 选择"数值方式"，输入偏移数值，根据需要选择是否勾选。

• 将光标靠近需要偏移的图元，图元高亮显示时会在光标靠近的方向出现一条虚线，虚线所在方向即偏移方向。

• 单击鼠标左键完成偏移。

提示：可以利用 Tab 键选择属于同一族的一连串图元。

④"复制"命令。"复制"命令用于复制选定的图元，并将它们放置在当前视图中指定的位置。如果需要将复制的图元临时放置在同一视图中，则需使用"修改"选项卡→"剪贴板"面板→"复制"命令。例如，如果在放置复制图元之前需要切换视图或项目，请使用"剪贴板"面板→"复制"命令。

"复制"命令具体操作，如图 2–54 所示。

a. 勾选线束，可以正交复制；勾选多个，可以连续复制多个图形；然后选定需要复制的图元，图元高亮显示。

b. 单击"修改"选项卡→"修改"面板→"复制"命令。

c. 选定复制点，拖曳图元或者确定移动方向后输入数值。

d. 单击鼠标左键完成复制。

图 2-54

⑤ "镜像"命令。"镜像"命令 用于翻转选定的图元，或者通过一个步骤生成图元的一个副本并翻转其位置。"镜像"命令有两个按钮，即"镜像—拾取轴" 与"镜像—绘制轴"。"镜像—拾取轴"可以以现有的线或边作为镜像轴，来翻转选定图元的位置；"镜像－绘制轴"需手动绘制一条临时线，用作镜像轴。

修改面板－镜像和旋转命令

a."镜像—拾取轴"具体操作，如图 2-55 所示。

图 2-55

- 选择需要镜像的图元，将图元高亮显示。
- 单击"修改"选项卡→"修改"面板→"镜像—拾取轴"命令。
- 光标靠近一条现有的线或边作为镜像轴，此条线或边会高亮显示。
- 单击完成镜像。

b."镜像—拾取轴"具体操作，如图 2-56 所示。

- 选择需要镜像的图元，图元高亮显示。
- 单击"修改"选项卡→"修改"面板→"镜像—绘制轴"命令。
- 手动绘制一条镜像轴，轴线绘制完成时，"镜像—绘制轴"结束。

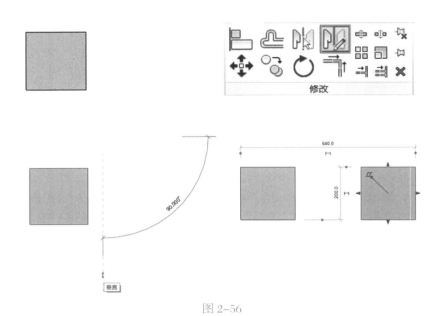

图 2-56

⑥"旋转"命令。"旋转"命令⟳用于绕轴旋转选定的图元。在楼层平面视图，天花板投影平面视图、立面视图和剖面视图中，图元围绕垂直于视图的旋转中心轴进行旋转；在三维视图中，该旋转中心轴垂直于视图的工作平面。

一般情况下，旋转中心默认为图元中心。如需要改变旋转中心，可以拖动或单击旋转中心控件，按空格键，或在选项栏上选择"旋转中心：放置"，然后单击鼠标来指定第一条旋转线，再次单击鼠标来指定第二条旋转线。

"旋转"命令具体操作，如图 2-57 所示。

a. 选择需要旋转的图元，图元高亮显示。

b. 单击"修改"选项卡→"修改"面板→"旋转"命令。

c. 根据需要在选项栏中选择自己需要的选项。

d. 单击选定第一条旋转线。

e. 单击选定第二条旋转线，旋转完成。

修改面板－修剪
延伸和锁定命令

⑦"修剪/延伸为角部"命令。"修剪/延伸为角部"⌐命令用于修剪或延伸选中的图元（例如墙或梁），以形成一个角。具体操作如图 2-58 所示。

图 2-57

图 2-58

a. 单击"修改"选项卡→"修改"面板→"修剪 / 延伸为角部"命令。

b. 单击需要修剪的图元 1。

c. 单击需要修剪的图元 2，修剪完成。

提示：选择需要修剪的图元时，请单击需要保留的部分。

⑧"修剪/延伸图元"命令。"修剪/延伸图元"命令可以沿一个图元定义的边界修剪或延伸一个或多个图元（例如墙、线、梁或支撑等）。"修剪/延伸图元"有两个按钮，即"修剪/延伸单一图元"和"修剪/延伸多个图元"。

a."修剪/延伸单一图元"具体操作，如图 2-59 所示。

图 2-59

- 单击"修改"选项卡→"修改"面板→"修剪/延伸单一图元"命令。
- 选择作为边界的参照。
- 选择需要修剪或延伸的图元，完成修剪。

b."修剪/延伸多个图元"具体操作，如图 2-60 所示。

- 单击"修改"选项卡→"修改"面板→"修剪/延伸多个图元"命令。
- 选择作为边界的参照。
- 选择需要修剪或延伸的每一个图元，完成修剪。

提示：选择需要修剪的图元时，请单击需要保留的部分。

⑨"锁定"与"解锁"命令。"锁定"命令用于将模型按要求锁定到位，图元锁定后，不能对其进行移动，除非将图元设置为随附近的图元一同移动或随它所在的标高上下移动。"解锁"命令用于解锁模型图形，使之可以移动。

a."锁定"命令具体操作，如图 2-61 所示。

- 选择需要锁定的图元，图元高亮显示。

图 2-60

图 2-61

· 单击"修改"选项卡→"修改"面板→"锁定"命令。

· 图元上出现锁定符号，锁定完成。

提示：如果图元已被锁定，尝试移动时会出现警告，如图 2-62 所示。

b. "解锁"命令具体操作，如图 2-63 所示。

· 选择需要解锁的图元，图元高亮显示。

· 单击"修改"选项卡→"修改"面板→"解锁"命令，或者直接单击图元显示的锁定符号。

· 图元上出现解锁符号，解锁完成。

图 2-62

图 2-63

⑩"删除"命令。"删除"命令 ✖ 用于从建筑模型中删除选定的图元。删除的图元不会被放置在剪贴板中,如果需要撤销删除操作,则单击"撤销"命令 ↺ 或按 Ctrl+Z 键。

"删除"命令具体操作,如图 2-64 所示。

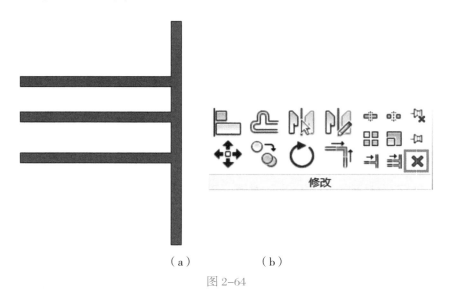

(a)　　　　　(b)

图 2-64

a. 选择需要删除的图元,图元高亮显示。

b. 单击"修改"选项卡→"修改"面板→"解锁"命令,或者直接按 Delete 键。

（6）"测量"面板。

①"测量"命令。"测量"命令下拉菜单中有两个
选项（见图 2-65）："测量两个参照之间的距离"用
于测量两个图元或其他参照物之间的距离；"沿图元测
量"用于测量图元的长度。

图 2-65

a."测量两个参照之间的距离"具体操作，如图 2-66
所示。

· 打开一个平面图、立面图或剖面图，单击"修改"选项卡→"修改"面板→"测量"
下拉菜单"测量两个参照之间的距离"命令。

· 绘制一条临时线或一连串连接指定点的线。

· 此时会显示尺寸标注的总数值。

· 此时的显示为临时显示，开始下一个测量或按 Esc 键退出测量，测量数值消失。

b."沿图元测量"具体操作，如图 2-67 所示。

图 2-66　　　　　　　　　　　　　　　图 2-67

· 打开一个平面图、立面图或剖面图，单击"修改"选项卡→"修改"面板→"测量"
下拉菜单"沿图元测量"命令。

· 拾取要测量的现有墙或线。

· 此时会显示尺寸标注的总数值。

· 此时的显示为临时显示，开始下一个测量或按 Esc 键退出测量，测量数值消失。

②"尺寸标注"命令。"尺寸标注"命令 ✐ 用于添加视图中的尺寸标注。此内容将在
后续章节中详细介绍。

（7）"创建"面板。

①"创建组"命令。"创建组"命令 ⊡ 用于将一组图元创建为组，以便重复使用和布
局。具体操作如图 2-68 所示。

方法一

创建组

名称： 组 1

组类型
◉ 模型
○ 详图

确定　取消　帮助

方法二

图 2-68

   a. 方法一。

  •选择需要创建成组的图元。

  •单击"修改"选项卡→"创建"面板→"创建组"命令。

  •输入组名称，单击"确定"，完成"创建组"命令。

   b. 方法二。

- 单击"修改"选项卡→"创建"面板→"创建组"命令。
- 输入组名称,选择组类型,单击"确定",进入组编辑状态。
- 利用"添加"和"删除"按钮选择组内图元。
- 单击"完成"退出编辑状态,"创建组"命令完成。

② "创建类似实例"命令。"创建类似实例"命令用于创建和放置与选定图元类型相同的图元。使用此命令时,每个新图元的族实例参数都与所选定的图元相同。具体操作如图 2-69 所示。

　a. 选定需要创建类似实例的图元,图元高亮显示。

　b. 单击"修改"选项卡→"创建"面板→"创建类似实例"命令。

　c. 此时,处于选择类型图元的编辑状态,以新建图元的方式创建该类型实例。

图 2-69

2.1.2.2　创建

"创建"选项卡由"修改""属性""形状""模型""控件""连接件""基准"和"工作平面"功能面板组成。

1. "形状"面板

"形状"面板中包括了所有可以创建三维形状的工具，通过"拉伸""放样""旋转""融合"以及"放样融合"形成实心或者空心的三维形状。

（1）"拉伸"命令。执行"拉伸"命令时通过绘制一个封闭的轮廓作为拉伸的端面，然后设定拉伸高度来实现建模。拉伸有"拉伸"（实体拉伸）和"空心拉伸"两种（见图2-70），其操作方法是相同的（见图2-71）。

①单击"创建"选项卡→"形状"面板→"拉伸"命令（或"创建"选项卡→"形状"面板→"空心形状"工具下拉菜单→"空心拉伸"命令）。

②绘制一个闭合轮廓。

③设定拉伸长度，单击完成"拉伸"命令。

拉伸和空心拉伸

图 2-70

（2）"放样"命令。"放样"命令用于创建需应用某种轮廓，并沿相应路径将此轮廓拉伸以完成创建目的的构件。"放样"命令同样有"放样"与"空心放样"，其具体操作方法相同（见图2-72）。

①单击"创建"选项卡→"形状"面板→"放样"命令（或"创建"选项卡→"形状"面板→"空心形状"工具下拉菜单→"空心放样"命令）。

②绘制放样路径。

③绘制轮廓或者选择已载入的轮廓。

④单击完成"放样"命令。

放样和空心放样

图 2-71

（a）"放样"与"空心放样"

（b）绘制放样路径

图 2-72

（c）编辑轮廓　　　　　　　　（d）完成

续图 2-72

（3）"旋转"命令。"旋转"命令用于创建需使用某几何图形，并以某轴线为中心旋转一定角度而成的构件。"旋转"与"空心旋转"的具体操作如下（见图 2-73）。

①单击"创建"选项卡→"形状"面板→"旋转"命令（或"创建"选项卡→"形状"面板→"空心形状"工具下拉菜单→"空心旋转"命令）。

②绘制旋转的几何图形，此图形必须为闭合图形。

③拾取或绘制轴线（此操作可能需要转换视图）。

旋转

（a）

图 2-73

（b）

续图 2-73

④设定旋转角度等参数。

⑤单击完成"旋转"命令。

（4）"融合"命令。"融合"命令用于将两个平行平面上的不同形状的断面进行融合，完成建模。其具体操作如下（见图 2-74）。

①单击"创建"选项卡→"形状"面板→"融合"命令（或"创建"选项卡→"形状"面板→"空心形状"工具下拉菜单→"空心融合"命令）。

②编辑底部轮廓，轮廓必须为闭合几何图形。

③编辑顶部轮廓。

④设定两个端点之间的距离。

⑤单击完成"融合"命令。

融合

（5）"放样融合"命令。"放样融合"命令用于创建两个端面不在平行平面上，且两者需沿指定的路径相融合的构件。其使用原理与放样命令大致相同，区别在于放样融合命令须采用两个轮廓。

放样融合

图 2-74

其具体操作如下（见图 2-75）。

①单击"创建"选项卡→"形状"面板→"放样融合"命令（或"创建"选项卡→"形状"面板→"空心形状"工具下拉菜单→"空心放样融合"命令）。

②在功能区选择"绘制路径"或"拾取路径"，绘制或三维拾取融合路径。

③选择轮廓 1，绘制或选择第一个端面轮廓。

④选择轮廓 2，绘制或选择第二个端面轮廓。

⑤单击完成"放样融合"命令。

（a）绘制路径

（b）绘制轮廓 1

图 2-75

（c）绘制轮廓 2

（d）完成放样融合

续图 2-75

2. "模型" 面板

（1）"模型线" 命令。"模型线" 用于创建存在于三维空间中且在项目的所有视图中都可见的线。一般情况下，可以使用模型线表示建筑设计中的三维几何图形，例如绳索或者缆绳。在绘制之前要在下拉菜单中选定所需线型，如图 2-76 所示。

图 2-76

（2）"构件"命令。"放置构件"用于将选定类型的图元放置在族中。使用下拉菜单中的列表选择图元类型，如图 2-77 所示，若没有所需要的类型，可载入族之后使用此命令。选定类型后在绘图区域中需要放置的位置单击，即可放置图元。

图 2-77

（3）"模型文字"命令。"模型文字"命令用于将三维文字添加到建筑模型中。常用于建筑上的标记或墙上的字母。可根据需要由类型属性和类型参考控制其字体、大小、深度及材质，如图 2-78 所示。

图 2-78

（4）"洞口"命令。"洞口"命令用于在主体上创建一个洞口。该工具只能在基于主体的族样板（如基于墙或天花板）中使用。

（5）"模型组"命令。"模型组"命令用于创建一组定义的图元，或将组图元放置在当前视图中。此命令适用于需要重复布置一组图元或许多建筑项目需要试用相同实体的情况。

3. "控件"面板

"控件"命令（见图 2-79）用于将翻转箭头添加到项目视图中，可以通过翻转箭头来修改族的水平或垂直方向。

4. "连接件"面板

图 2-79

"连接件"命令用于将电气连接件、风管连接件、管道连接件、电缆桥架连接件、线管连接件添加到构件中。

（1）电气连接件：用于电气连接中，这些连接包括数据、电力、电话、安全、火警、护理呼叫、通信及控制。

（2）风管连接件：用于与管网、风管管件及属于空调系统的其他相关联的构件。

（3）管道连接件：一个与管道、管件及用来传输流体的其他构件。

（4）电缆桥架连接件：用于将硬梯或槽式电缆桥架及其管件附着到构件中。

（5）线管连接件：用于将硬线管管件附着到构件中。

5."基准"面板

（1）"参照线"命令。参照线用于在创建构件时提供参照，或为创建的构件提供限制。直线参照线可以提供四个参照平面，弯曲参照线可以定义两个参照平面，如图2-80所示。

图 2-80

（2）"参照平面"命令。"参照平面"是构件创建过程中的参照，也可以对所创造的构件进行限制。

在进行标注时，必须将实体与参照平面锁定，对参照平面进行标注，由参照平面之间的标注对实体进行控制。

参照平面有以下属性。

①墙闭合。

②名称。在参照平面很多的情况下，对参照平面的名称进行定义，能够帮助区分。

③是参照。"是参照"下拉菜单中的选项定义了参照平面在族用于项目中时不同的特性（见图2-81）。

a.非参照：此参照平面在项目中将无法被捕捉到或标注尺寸。

b.强参照：在项目中，被捕捉和尺寸标注最高优先级。

c.弱参照：在项目中，被捕捉和尺寸标注优先级低于"强参照"，可能需要按下Tab键进行选择。

d.左、中心（左/右）、右、前、中心（前/后）、后、底、中心（标高）、顶：此类参照在同一个族中只能使用一次，其特性类似于"强参照"。

图 2-81

④定义原点。"定义原点"用于定义族的插入点。

族样板中，默认的三个参照平面，即 X、Y、Z 三个方向上已定义并锁定的参照平面，都已被勾选了"定义原点"，一般不更改。

6. "工作平面" 面板

（1）"设置"命令。"设置"命令用于为当前视图或所选基于工作平面的图元制定工作平面。有三种设置方式，如图 2-82 所示。

图 2-82

（2）"显示"命令。"显示"命令用于在视图中显示或隐藏工作平面。工作平面显示的大小可通过蓝色操作柄进行调整，如图 2-83 所示。

图 2-83

（3）"查看器"命令。工作平面查看器可用作临时的视图来编辑选定的图元。该视图将从选定的工作平面来显示图元，但此视图并不存在于项目管理器中。

2.1.2.3 插入

"插入"选项卡中包含"链接""导入""从库中载入"三个面板。

1."链接"面板

"链接"面板可将其他模型链接到新建的模型中。

2."导入"面板

"导入"面板可将 CAD、光栅图像和族类型导入当前族中。

3."从库中载入"面板

"从库中载入"面板可以从本地族库或互联网中将族文件直接载入当前文件中或作为组载入。

2.1.2.4　注释

"注释"选项包含了"尺寸标注""详图"和"文字"面板。

尺寸标注

1."尺寸标注"面板

"尺寸标注"包含了"线性尺寸标注""角度尺寸标注"和"径向尺寸标注"三种标注类型，如图 2-84 所示。

尺寸标注的操作方法，以线性尺寸标注为例（见图 2-85）。

图 2-84　　　　　　　　　　图 2-85

（1）单击"注释"选项卡→"尺寸标注"面板→"对齐"命令。

（2）单击需要加入尺寸标注的一端的图元。

（3）将光标移动至另一端，单击左键，完成尺寸标注。

2."详图"面板

（1）"符号线"命令。"符号线"用于创建仅用作符号，而不作为构件或建筑模型的实际几何图形其中某部分的线条。例如立面视图中门扇的开启方向。

提示：与前文提到的"模型线"命令不同，模型线能够在所有视图中可见；而符号线能够在平面和立面上绘制，不能够在三维视图中绘制，且只能在其所绘制的视图上可见，在其他视图中无法显示。

（2）"详图构件"命令。"详图构件"命令用于将视图专有的详图构件添加到视图中。若出现如图 2-86 中的对话框，请从族库中载入详图族，或者创建自己的详图族。

①"详图组"命令。"详图组"命令（见图 2-87）用于创建详图族，或在视图中放置详图组实例。详图组包含视图专有图元，如文字和填充区域，但不包括模型图元。

图 2-86　　　　　　　　　　图 2-87

②"符号"命令。"符号"命令用于在当前视图中放置二维注释图形符号。符号是视图专有的注释图元，它们仅显示在其所在的视图中。

③"遮罩区域"命令。"遮罩区域"命令用于创建一个遮挡族中图元的图形。在创建二维族（如注释、详图、标题栏）时，可在项目或族编辑器中创建二维遮罩区域；在创建模型族时，可在族编辑器中创建三维遮罩区域。

3."文字"面板

（1）"文字"命令。"文字"命令用于将文字（注释）添加到当前视图中。文字（注释）可根据视图自动调整，若视图比例改变，文字也将自动调整尺寸。

提示：与上文提到的"模型文字"命令不同。"模型文字"命令所创建的文字是三维文字，当族载入项目中使用时，在项目中可见；"文字"命令所创建的文字（注释）只能在族编辑器中看见，不会出现在项目中。

（2）"拼写检查"命令。"拼写检查"命令用于对选择集、当前视图或图纸中的文字注释进行拼写检查。

（3）"查找/替换"命令。"查找/替换"命令主要用于在打开的项目文件中查找并替换文字。

2.1.2.5　视图

视图选项卡包含"图形""创建"和"窗口"三个功能面板。

1."图形"面板

（1）"可见性 / 图形"命令。"可见性 / 图形"命令用于控制模型图元、注释、导入和链接图元以及工作集图元在视图中的可见性和图形显示，如图 2-88 所示。

图 2-88

（2）"细线"命令。"细线"命令可使屏幕上所有的线以单一宽度显示，与缩放级别无关，如图 2-89 所示。

（a）细线模式关闭　　　　　　　　（b）细线模式开启

图 2-89

2."创建"面板

（1）"默认三维视图"命令。"默认三维视图"命令在默认三维视图中，可利用 View Cube 修改视图方向等。

（2）"剖面"命令。"剖面"命令用于创建剖面视图。可以在平面、剖面、立面和详图视图中创建剖面视图。

（3）"相机"命令。"相机"命令可将相机放置在视图中，通过相机的透视图来创建透视三维视图。具体操作如图 2-90 所示。

图 2-90

①单击"视图"选项卡→"创建"面板→"相机"命令。

②在选项栏设定标高和偏移量。

③选择适当位置单击鼠标左键放置相机。

④单击左键选择透视点，生成透视图。

⑤调整三维透视图的范围框及视觉样式等；可通过编辑视图属性中的"视点高度"和"目标高度"来修改透视图。

（4）"平面区域"命令。当部分视图由于构件高度或深度不同而需要设置与整体视图不同的视图范围时，可定义平面区域。视图中的多个平面区域不能彼此重叠，但它们可以具有重合边。

3."窗口"面板

（1）"切换窗口""关闭隐藏对象""复制""层叠"和"平铺"命令。

用于设置当前绘图区域中绘图窗口显示状态。

（2）"用户界面"命令。"用户界面"命令用于控制用户界面组件（包括状态栏和项目浏览器）的显示（见图 2-91）。在下拉菜单最下方，可对软件中的快捷键进行设置。

图 2-91

2.1.2.6 管理

"管理"选项卡中包含了"设置""管理项目""查询"和"宏"四个功能面板。

1. "设置"面板

（1）"材质"。单击"管理"选项卡→"设置"面板→"材质"命令，弹出如图 2-92 所示对话框。

图 2-92

在此对话框中，包含了正在创建的族中所有的图元材质。可根据需要对现有的材质进行修改、重命名和删除，也可以复制现有的材质以创建新的材质。

（2）"对象样式"。"对象样式"命令用于指定线宽、颜色、填充图案以及模型对象、注释对象和导入对象的材质（见图 2-93）。此处的"对象样式"命令适用于整个项目，若要针对特定视图进行设定，需使用"可见性/图形"命令。

（3）"捕捉"。"捕捉"命令用于指定捕捉增量，以及启用或禁用捕捉点。

（4）"项目单位"。"项目单位"用于指定各种计量单位的显示格式。指定的格式将影响其在软件中和打印时的外观。此命令可对用于报告或演示目的的数据进行格式设置，如图 2-94 所示。

（5）"共享参数"。"共享参数"命令用于指定可在多个族和项目中使用的参数。使用共享参数可以添加组文件或项目样板中尚未定义的特定数据。共享参数储存在一个独立于任何族或项目的文件中，如图 2-95 所示。

图 2-93

图 2-94

图 2-95

（6）"传递项目标准"。"传递项目标准"命令用于将选定的项目设置从另一个打开的项目中复制到当前的族里来，项目标准包括填充样式和对象样式等，如图 2-96 所示。

图 2-96

（7）"清除未使用项"。"清除未使用项"命令用于从族中删除未使用的项，使用此工具能够缩小族文件的大小，如图 2-97 所示。

（8）"其他设置"。在"其他设置"的下拉菜单（见图2-98）中，可对填充样式、线宽、线型图案、箭头、临时尺寸标注等进行设置。

图 2-97　　　　　　　　　　　　　　　　　图 2-98

2．"管理项目"面板

"管理项目"面板中的命令用于管理连接选项，如管理图像、贴花类型等。

3．"查询"面板

"查询"面板中的命令用于按 ID 选择的唯一标识符来查找并选择当前视图中的图元。

4．"宏"面板

"宏"面板用于支持宏管理器和宏安全，以便用户安全地运行现有宏，或者创建、删除宏。

2.2　族样板

在创建族之前，需要选择合适的族样板。族样板是为族的建立而设定的样板文件。

2.2.1 族样板概述

2.2.1.1 族样板文件

Revit 软件自带有族样板文件，其储存位置为"X：\Program\Data\Autodesk\RVT 2016\Family Templates\Chinese"，如图 2-99 所示。

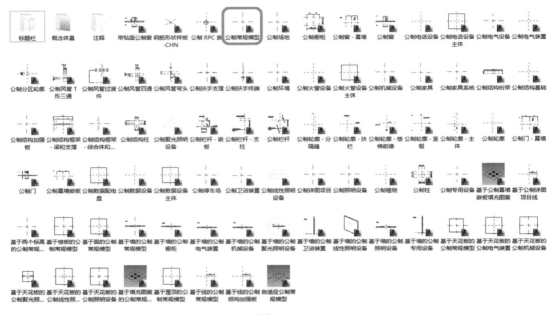

图 2-99

样板文件均以".rft"为后缀，在这些样板文件中包含有"注释""标题栏"和"概念体量"三个子文件夹，用于创建相应的族；其他族样板用于创建构件，例如门、窗、幕墙、栏杆等。还有未规定用途的样板文件，如"公制常规模型.rft"。

2.2.1.2 族样板共性

我们以"公制常规模型.rft"样板为例，来详细介绍族样板的共性。

1. 族样板打开方式

单击"应用程序菜单"按钮→"新建"→"族"命令，弹出"新族-选择样板文件"对话框。选择"公制常规模型.rft"族样板，单击"打开"命令，如图 2-100 所示。

2. 参照平面及常用视图

打开"公制常规模型.rft"样板文件之后，默认视图为参照标高平面视图，在此平面视图中能够看到如图 2-101 所示的两个参照平面。

图 2-100

图 2-101

在项目浏览器中可以看到现有的所有视图（见图 2-102）。在立面视图中，均有参照标高和默认参照平面，在创建族的过程中需要注意，有一个参照平面与参照标高重合，如图 2-103 所示。

项目中提供的参照平面和参照标高将被用于定义构件族的原点、绘制其他参照平面和定义族的几何图形。

图 2-102   图 2-103

2.2.1.3 族样板特性

不同的族样板具有不同的特点,下面我们会详细介绍不同族样板的具体功能。族样板比较常见的特点总结如下。

1. 预设构件

在某些样板文件中,由于创建相应的族需要使用辅助的构件,故预设有相应的常用构件或者实心几何图形。这些预设构件包含相应的参数和尺寸标注。如图 2-104 所示,"公制窗 .rft"预设有墙体。

图 2-104

当创建族的过程中没有用到预设构件时,可将预设构件和相关的参数删除。

2. 文字说明

在某些族样板中，会预设文字提示，为族的创建过程提供指导和支持。在族创建完成后，可删除这些文字说明。图 2-105 为注释族"常规注释 .rft"样板文件中的文字提示。

注意：
更改族类别以设置合适的注释类型。
交叉点位于参照平面的交点处。
请在使用前删除该注意事项。

图 2-105

2.2.2　族样板分类

以族在项目（或族）中的使用方法来分类，族样板可以分为以下 4 种。

2.2.2.1　基于主体的样板

基于墙、天花板、楼板、屋顶和主体的样板，统称为"基于主体的样板"。利用基于主体的样板所创建的族必须依附于某一特定的图元上，即只有存在相对应的主体，族才能够安放于项目之中。主体的不同分类如下，见表 2-1。

表 2-1

样板类型	族类别	族样板
基于墙	门	公制门、公制门 - 幕墙
	窗	带贴面公制窗、公制窗、公制窗 - 幕墙
	橱柜	基于墙的公制橱柜
	电气设备	基于墙的公制电气装置
	机械设备	基于墙的公制机械设备
	照明设备	基于墙的公制聚光照明设备、基于墙的公制线性照明设备、基于墙的公制照明设备
	常规模型	基于墙的公制常规模型
	卫浴装置	基于墙的公制卫浴装置
	专用设备	基于墙的公制专用设备

样板类型	族类别	族样板
基于天花板	电气设备	基于天花板的公制电气装置
	机械设备	基于天花板的公制机械设备
	照明设备	基于天花板的公制聚光照明设备、基于天花板的公制线性照明设备、基于天花板的公制照明设备
	常规模型	基于天花板的公制常规模型
基于楼板	常规模型	基于楼板的公制常规模型
基于屋顶	常规模型	基于屋顶的公制常规模型

在以上的样板中已经预设了主体，主体的存在是为了使族和主体之间的关系被明确定义，如是否嵌入、是否紧贴等。主体同样对所创建的族形成一定的约束作用，族会随着主体的移动、几何改变等变化进行相应的调整。

在基于墙的样板中，部分样板文件，如"公制门 .rft""公制窗 .rft"已经预设了洞口，在项目中使用由此类样板创建的族时，族会自动在墙上剪切洞口，如图 2-106 所示。

预设洞口　　　　　　　　　　　族自动剪切主体

图 2-106

其他样板在创建族的过程中可以根据需要自定义洞口，这样在项目中使用时，该族会在相应主体（墙、楼板、天花板和屋顶）上自动剪切出洞口。

在创建族的过程中，可以修改主体属性，从而修改主体的构造和图形。在族中对主体进行的修改，并不会影响到族在项目中使用的主体。

2.2.2.2　基于线的样板

使用基于线的样板的族的特点是，在项目中使用时，此类族均采用两次拾取的形式在项目中放置。

"基于线的样板"可分为以下两种：一是三维中使用的实体构件创建时所使用的基于线的族样板；二是二维详图中所需的线性效果的族样板，见表 2-2。

"基于线的公制常规模型 .rft"样板用于创建三维构件族，"基于线的公制详图构件 .rft"

用于创建二维详图构件族。

表 2–2

族类别	族样板
常规模型	基于线的公制常规模型
详图项目	基于线的公制详图构件

2.2.2.3　基于面的样板

基于面的样板用于创建基于面的族。这类族在项目中使用时必须放置于某工作平面或者某实体的表面，不能单独放置于项目之中而不依附任何平面或实体。

这里所指的"面"既包括系统族如屋顶、楼板、墙和天花板的表面，也包括构件族如桌子、橱柜的表面。相比于"基于主体的族样板"，基于面的样板所创建的族，在项目中使用更加灵活，如表 2–3 所示。

表 2–3

族类别	族样板
常规模型	基于面的公制常规模型

提示：若族在使用时基于系统族的表面，则该族可对其主体进行修改并在主体中进行复杂的剪切。

2.2.2.4　独立样板

独立样板用于创建不依附于主体、线、面的族。利用独立样板所创建的族可以防止项目中的任何位置受主体约束，使用方式灵活。

独立样板可分为以下两种：一是创建三维构件族的样板；二是创建二维构件族的样板。

2.2.3　族样板详述

2.2.3.1　注释样板

1.注释族样板的适用范围

注释族样板主要适用于各类注释符号族的创建，例如构件标记族、轴网标头族等。注释符号族特点是能够根据族中设置的选项自动提取构件信息，并根据图幅大小自动调整标记的大小以适应图形。

2.注释族样板的分类

根据族样板所创建的注释符号族的使用特点，可分为以下几种。

（1）注释：常规注释 .rft。

（2）标头：公制标高标头.rft、公制轴网标头.rft、公制详图索引标头.rft、公制剖面标头。

（3）符号：公制高程点符号.rft。

（4）标记：公制常规标记.rft、公制立面标记指针.rft、公制立面标记主体.rft、公制门标记.rft、公制窗标记.rft、公制多类别标记.rft、公制房间标记.rft。

3.注释样板使用特点

（1）注释族均为二维族，不能利用三维建模工具进行编辑，而只能出现在二维视图中。

（2）在某些样板中会有预设的详图线与文字提示，详图线可用于确定族的位置、方向及长度，而文字说明则是解释样板的基本使用方法。

（3）注释符号族样板中有特殊的"标签"功能。"标签"是为了反映族的属性，必须指定相应的属性值之后，标签才能在项目中显示。标签中可供选择的"类别参数"和可以支持添加的"参数类型"因"族类别"的不同而有所区别。例如，"公制窗标记.rft"与"公制房间标记.rft"可供选择的"类别参数"因族的使用范围不同而有很大区别，如图2-107所示。

（a）"公制窗标记.rft"可供选择的类别参数

（b）"公制房间标记.rft"可供选择的类别参数

图 2-107

（4）"类别参数"用于表示对应类别的族的不同属性，当样板内本身存在的类别参数不能够满足使用者的要求时，则可以通过"标签参数"来新建所需参数，如图 2-108 所示。

图 2-108

不同的族样板可支持添加的参数类型是不同的，例如"常规注释 .rft"支持添加的参数为"族参数"，而"公制多类别标记 .rft"支持添加的为"共享参数"，如图 2-109 所示。

（a）"常规注释 .rft"支持添加"族参数"　　（b）"公制多类别标记 .rft"支持添加"共享参数"

图 2-109

2.2.3.2　图框样板

1. 图框样板的适用范围

图框族样板用于创建图框族，在新建族时，其样板文件均置于"标题栏"文件夹中，如图 2-110 所示。

图 2-110

2. 图框样板的详述

软件中共提供了 6 个图框样板，其中包括 5 个常规尺寸样板和 1 个"新尺寸公制 .rft"样板。5 个常规尺寸样板分别为："A0 公制 .rft""A1 公制 .rft""A2 公制 .rft""A3 公制 .rft""A4 公制 .rft"。

"新尺寸公制 .rft"样板是便于客户根据实际情况制作所需尺寸的图框。

3. 图框样板使用特点

在添加标签的过程中，若可供选择的类型参数中没有所需要的参数，则必须添加参数，添加参数的类型为"共享参数"。因图框的重复使用率高，可将共享参数保存以使整套图纸使用同一图签。

4. 轮廓

（1）轮廓族样板适用范围。轮廓族样板用于创建轮廓族。轮廓族是可用来生成三维几何图形的二维闭合形状，可以单独使用，也可组合使用。

（2）轮廓族样板特点。Revit 中提供的轮廓族共 6 个，每一个样板使用途径均不一样。

① "公制轮廓 .rft"。用于创建在项目文件中进行主体放样的所有轮廓。

②"公制轮廓—主体 .rft"。用于创建在项目文件中进行主体放样（墙饰条、屋顶封檐带、屋顶檐槽、楼板边缘）的轮廓族。

③"公制轮廓—分隔缝 .rft"。用于创建在项目文件中进行主体放样（墙分隔逢）的轮廓。

④ "公制轮廓—扶手 .rft"。用于创建在项目设置扶手族的轮廓。

⑤ "公制轮廓—楼梯前缘 .rft"。用于创建在项目文件中进行楼梯族的踏板前缘的设置。

⑥ "公制轮廓—竖梃 .rft"。用于创建在项目文件中设置幕墙竖梃的轮廓族。

（3）轮廓族使用特点。

①参数说明。在轮廓族已经设置的参数中，仅"轮廓用途"可进行调整，"轮廓用途"是为了确定轮廓族的使用范围。

②参数设置。"轮廓用途"可以在"属性"对话框或者功能区的"属性"面板中设置，如图 2-111 所示。

（a）属性对话框

（b）"属性"面板中"族类别和族参数"

图 2-111

2.2.3.3　常规模型

1. 常规模型族样板的适用范围

公制常规模型族样板常用于创建三维构件族。在创建其他类别族时，若无法找到与之对应的预设族样板，也可以使用常规模型的族样板进行创建或修改。

2. 常规模型族样板的分类

根据创建环境的不同，我们将 Revit 提供的 8 个族样板进行如下分类。

（1）标准族编辑器。公制常规模型 .rft、基于面的公制常规模型 .rft、基于线的公制常规模型 .rft、基于墙的公制常规模型 .rft、基于天花板的公制常规模型 .rft、基于楼板的公制常规模型 .rft、基于屋顶的公制常规模型 .rft。

（2）概念设计环境。自适应公制常规模型 .rft。

3. 常规模型族样板的详述

（1）"基于面的公制常规模型 .rft"。"基于面的公制常规模型 .rft"用于创建基于面的族，在族样板中设置有"默认高程"参数，通过单击"修改 / 创建"选项卡→"属性"面板→"族类型"按钮可见，如图 2-112 所示。

"默认高程"用于确定族加载到项目中时与主体表面的相对位置。

（2）"基于线的公制常规模型 .rft"。"基于线的公制常规模型 .rft"用于创建基于线的族，在族样板中设置有"长度"参数，通过单击"修改 / 创建"选项卡→"属性"面板→"族类型"按钮可见，如图 2-113 所示。

图 2-112

图 2-113

"默认高程"用于确定族加载到项目中时与主体表面的相对位置。

（3）基于天花板、楼板、屋顶、墙的公制常规模型。"基于墙的公制常规模型 .rft""基于天花板的公制常规模型 .rft""基于楼板的公制常规模型 .rft"和"基于屋顶的公制常规模型 .rft"都是用于创建基于主体的族，利用它们所创建的族在项目中使用时必须加载在项目中对应的主体上。

在项目中使用此类样板所创建的族时，需注意所创建构件的几何图形与主体图元的空间位置关系。

（4）"自适应公制常规模型 .rft"。"自适应公制常规模型 .rft"样板用于创建自适应构件，可作为嵌套族载入体量族内或直接应用于项目文件中。

2.2.3.4　详图项目

1. 详图项目族样板适用范围

族可以方便建筑施工详图项目中详图项目族的创建。详图项目族为二维族，利用详图项目族仅能够在制图设计中绘制大样详图。在项目中，可将其添加到详图视图或者绘图视图中。

2. 详图项目族样板特点

详图项目族的尺寸不随视图比例的变化而变化。若在项目中应用不同比例的同一详图，可预设多种常用比例的族类型。

2.2.3.5　门

1. 门族样板适用范围

门族样板用于创建门族，在 Revit 中共提供了 2 种门族样板："公制门 .rft"和"公制门—幕墙 .rft"。

2. 门族样板详述

（1）"公制门 .rft"。

①预设构件。"公制门 .rft"为基于墙的样板，在样板中预设主体（如图元），即"墙"。墙体上已经预先开设洞口，同时还预设门的常用构件"框架 / 竖梃"，如图 2-114 所示。

门样板

②预设参数。在"公制门 .rft"样板中预设一部分参数，其具体作用如图 2-115 所示。

③预设参照平面。如图 2-116 所示，在"公制门 .rft"样板中预设有许多参照平面。

图 2-114

图 2-115

图 2-116

在这些参照平面中，参照平面"左"与"右"用于定义洞口宽度；参照平面"内部"与"外部"用于定义墙的内外边界。在创建门族的过程中，系统预设的参照平面不能轻易删除，它们关系到所创建的族在项目中使用时与其放置的墙的精确定位。

（2）"公制门—幕墙 .rft"。

"公制门 – 幕墙 .rft"样板中默认的族类别为"门"，其他设置与"公制幕墙嵌板 .rft"基本相同。使用方式同"幕墙嵌板"。

2.2.3.6 窗

1. 窗族样板适用范围

窗族样板用于创建窗族，在 Revit 中共提供了 3 种窗族样板："公制窗 .rft""带贴面公制窗 .rft"和"公制窗 – 幕墙 .rft"。

2. 窗族样板详述

（1）"公制窗 .rft"。

① 预设构件。"公制窗 .rft"样板是基于墙的样板，在样板文件中预设主体，即"墙"，并在墙上预设洞口，如图 2-117 所示。

窗样板

② 预设参数。在"公制窗 .rft"样板中预设了一些参数，其简要说明如图 2-118 所示。其中，"默认窗台高度"只能决定窗族在项目中放置的位置，在放置之后需要调整实例参数"底高度"来进行确定窗族的位置。

图 2-117

图 2-118

（2）"带贴面公制窗 .rft"。

①预设构件。与"公制窗 .rft"一样，"带贴面公制窗 .rft"中也预设了主体"墙"与洞口。样板中还预设了"贴面"构件，如图 2–119 所示。

②预设参数。"带贴面公制窗 .rft"预设参数与"公制窗 .rft"基本相同。

（3）"公制窗 – 幕墙 .rft"。

"公制窗 – 幕墙 .rft"样板的默认族类别为"窗"，其他样板设置与"公制幕墙嵌板 .rft"相同。

图 2–119

2.2.3.7　幕墙嵌板

1. 幕墙嵌板族样板适用范围

幕墙嵌板族样板用于创建幕墙嵌板族，在 Revit 中提供了 3 种幕墙嵌板族样板："公制幕墙嵌板 .rft""基于公制幕墙嵌板填充图案 .rft"和"基于填充图案的公制常规模型 .rft"。

2. 幕墙嵌板族样板详述

（1）"公制幕墙嵌板 .rft"。在"公制幕墙嵌板 .rft"中预设有"中心（左 / 右）""左""右"和"顶"参照平面，如图 2–120 所示。

样板中所设的参照平面可自动与项目中的"幕墙网格"发生关联，在创建幕墙嵌板时，仅需将嵌板的周边与参照平面锁定，如图 2–121 所示，不需要对嵌板的长、宽、高进行定义。

在锁定参照平面时应注意的是，嵌板底部必须与底部的参照平面锁定，而不能与参照标高锁定，锁定时，可利用 Tab 键进行选择。

（2）"基于公制幕墙嵌板填充图案 .rft"与"基于填充图案的公制常规模型 .rft"。"基于公制幕墙嵌板填充图案 .rft"与"基于填充图案的公制常规模型 .rft"这两种样板均须在概念设计的环境中应用，用于创建形成模型表面填充图案或幕墙嵌板的构件族。这样的构件族通常作为概念体量族的一部分的嵌套组而存在。

图 2-120   图 2-121

2.2.3.8 体量

体量族样板用于创建体量族，体量族可用于表达建筑的整个形体。在 Revit 中仅提供了一个体量族样板，即"公制体量 .rft"。体量族是一个特殊的族类别，其族文件被载入项目后不具备任何建筑性质。

2.2.3.9 柱、结构柱

1. 柱样板适用范围

柱与结构柱分别对应不同的样板文件，即"公制柱 .rft"和"公制结构柱 .rft"，分别用于创建建筑柱与结构柱。

2. 柱样板详解

（1）"公制柱 .rft"。在"公制柱 .rft"样板中预设有两个标高平面，分别为"高于参照标高"和"低于参照标高"（见图 2-122）。这两个平面用于关联项目中的柱所在楼层标高和上层楼层标高，将所创建的柱与两个平面上的参照平面锁定即可使柱随层高的变化而变化。

（2）"公制结构柱 .rft"。"公制结构柱 .rft"

图 2-122

用于创建结构柱，结构柱与建筑柱不同。

①在结构柱中，设有分析线，可通过导入分析软件进行分析。

②结构柱可倾斜放置。

③结构柱可与结构图元相连接，如梁和基础。

④可对混凝土结构柱进行配筋。

2.2.3.10　照明设备

1.照明设备族样板适用范围

照明设备族样板用于创建各种具有照明或光源功能的族。

2.照明设备族样板分类

Revit 提供了 9 种族样板用于创建照明设备。根据光源的特点，如图 2-123 所示，可进行如下分类。

（1）一般照明设备："公制照明设备 .rft""基于墙的公制照明设备 .rft""基于天花板的公制照明设备 .rft"。

（2）线性照明设备："公制线性照明设备 .rft""基于墙的公制线性照明设备 .rft""基于天花板的公制线性照明设备 .rft"。

（3）聚光照明设备："公制聚光照明设备 .rft""基于墙的公制聚光照明设备 .rft""基于天花板的公制聚光照明设备 .rft"。

图 2-123

3. 照明设备族样板特点本

（1）根据所创建的族的发光特点以及使用特点选择合适的光源。

（2）根据产品样本设置参数值，尤其是光域，如图 2-124 所示。

图 2-124

2.2.3.11　环境、植物族

1. 植物环境族样板适用范围

植物环境族样板用于创建环境、植物族，即 RPC 族。

2. 植物环境族样板适用特点

Revit 提供了 3 种 RPC 族样板，即"公制 RPC 族 .rft""公制环境 .rft"和"公制植物 .rft"。RPC 族可以脱离模型，单独控制其在各个视图中的外观和渲染外观。可用族建立的模型来进行渲染，也可用 RPC 中的贴图来进行渲染，后者的渲染效果非常真实。

2.2.3.12　栏杆

1. 栏杆族样板适用范围

栏杆族样板用于创建栏杆族，栏杆族包括栏杆的垂直杆件、垂直板构件和垂直构件。Revit 提供了 3 种栏杆族样板，分别为"公制栏杆 .rft""公制栏杆—嵌板 .rft"和"公制栏杆 – 支柱 .rft"。

2.栏杆族样板详述

（1）"公制栏杆 .rft"

①预设参数。在"公制栏杆 .rft"样板中预设一部分参数，如图 2-125 所示。

图 2-125

②预设参照平面。在"公制栏杆 .rft"样板中预设一部分参照平面，如图 2-126 所示。

图 2-126

其中，"顶交角"与"底交角"用以映射楼梯或坡道栏杆的倾斜角度，以确保在项目中，栏杆族中倾斜参照平面能自适应栏杆主体（即楼梯与坡道），并随主体角度的变化而变化。

（2）"公制栏杆 – 嵌板 .rft"。

①预设参数。除添加了参数"嵌板宽度"外，"公制栏杆 – 嵌板 .rft"中的其他预设参数与"公制栏杆 .rft"中相同，如图 2-127 所示。

图 2-127

②预设参照平面。在"公制栏杆 .rft"的基础上，"公制栏杆 – 嵌板 .rft"中添加了"前""后"两个参照平面，用于控制嵌板宽度，如图 2-128 所示。

图 2-128

（3）"公制栏杆 – 支柱 .rft"。

①预设参数。在"公制栏杆 – 支柱 .rft"中预设一部分参数，其简要说明如图 2–129 所示。

图 2–129

②预设参照平面。在"公制栏杆 – 支柱 .rft"样板中预设参照平面，如图 2–130 所示。其中，参照平面"顶部"用以定义"栏杆"的顶部，与"支柱顶部"进行区分。

图 2–130

2.2.3.13　家具、家具系统

"公制家具.rft"与"公制家具系统.rft"用于创建家具族与家具系统族。应注意区分的是，家具族是简单不复杂的家具组合，如床、椅子等；家具系统族是家具组合及其组成构件，多为成套装配的家具。

2.2.3.14　结构框架

1. 结构框架族样板适用范围

结构框架族样板用于创建结构框架族。结构框架即通常所说的梁。

Revit 提供了两种结构框架族样板："公制结构框架 – 梁和支撑.rft"与"公制结构框架 – 综合体与桁架.rft"。前者用于创建基于两点绘制的梁和支撑构件族，后者用于创建以参数控制长度的结构框架族。

2. 结构框架族样板详述

（1）"公制结构框架 – 梁和支撑.rft"。在"公制结构框架 – 梁和支撑.rft"样板中预设构件、模型线、参照平面，如图 2–131 所示。

图 2–131

①预设构件。在"公制结构框架 – 梁和支撑.rft"样板中预设一个拉伸实体，代表结构框架，可对该实体进行编辑，以达到使用需求。

②预设模型线。"公制结构框架 – 梁和支撑.rft"中预设的模型线，在项目中可代替结构框架实体，以单线示意符号代替。

③预设参照平面。在"公制结构框架 – 梁和支撑.rft"样板中预设的参照平面有"中心（左/右）""右""杆件右""单线示意符号右""左""杆件左"和"单线示意符号左"。

"右""左"参照平面是在项目中选中实体几何图形时，显示操作柄的位置，用以控制结构框架的长度。

"杆件右""杆件左"是几何图形的物体边缘，用以控制结构框架的剪切长度。

"单线示意符号右""单线示意符号左"是当族中的族参数符号表示法设置为"从族"的时候，用以控制单线示意符号的长度。

（2）"公制结构框架 – 综合体与析架 .rft"。用"公制结构框架 – 综合体与析架 .rft"样板所创建的族，是通过对族中插入点的设置来实现族在项目中与标高相对位置的确定。其在项目中的长度只能通过族中设定的参数进行控制。

2.2.3.15　结构基础

结构基础族样板中的"公制结构基础 .rft"用以创建结构基础族，包括独立基础、条形基础、筏型基础、桩基础等。

当基础几何图形有两个底面，如图 2–132 所示，可选择属性对话框中的"管帽"参数（见图 2–133），用以控制基础的底部标高。

图 2–132

图 2–133

2.2.3.16　结构桁架

1.结构桁架族样板适用范围

结构桁架族样板中的"公制结构桁架 .rft"用于创建结构桁架族。利用"公制结构桁架 .rft"

创建的是二维结构桁架族，并没有立面与三维视图（见图 2-134）。在项目中使用时，能够创建三维实体模型。

2. 结构桁架族样板详解

（1）预设参数。在"公制结构桁架 .rft"样板中预设一部分参数，如图 2-135 所示。

图 2-134

图 2-135

"腹杆符号缩进"对桁架在项目中的影响如图 2-136 所示。

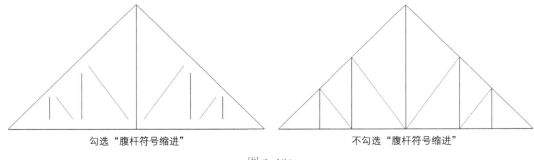

勾选"腹杆符号缩进"　　　　　　　不勾选"腹杆符号缩进"

图 2-136

（2）预设参照平面。在"公制结构桁架 .rft"样板中预设参照平面，如图 2-137 所示。参照平面"左""右"用于确定桁架在项目中的起点和终点。

2.2.3.17　结构连接

虽然 Revit 中没有设立专门的结构连接样板，但是在族类别中设有"结构连接"的类别，如图 2-138 所示。

图 2-137

图 2-138

2.2.3.18 卫浴装置

卫浴装置样板"公制卫浴装置.rft"与"基于墙的公制卫浴装置.rft"用于创建卫浴装置族。在族样板中预设有参数,如图 2-139 所示。

WFU:排水当量(Water Fixture Unit)。

HWFU：热水当量（Hot Water Fixture Unit）。

CWFU：冷水当量（Cold Water Fixture Unit）。

当量是单个卫浴装置的流量，通过对 WFU、 HWFU、CWFU 的设定并与连接件中流量参数相关联，就可获得整个管路的总当量。

图 2-139

学习笔记

关键词

族；系统族；内建族；可载入族；族样板

习　　题

一、单选题

1. Revit 族样板文件均以（　　）为后缀名。

A.rfa

B.rft

C.rvt

D.rte

2. 窗族必须基于什么构件创建（　　）。

A. 楼板

B. 屋顶

C. 天花板

D. 墙体

3. 体量分为体量族和内建体量，创建体量族用的样板文件称为（　　）。

A. 公制常规模型

B. 公制体量

C. 公制体量面墙

D. 内建体量

4. 以下哪个不是创建族的工具（　　）。

A. 扭转

B. 融合

C. 旋转

D. 放样

5. "实心放样"命令的用法，错误的是（　　）。

A. 必须指定轮廓和放样路径

B. 路径可以是样条曲线

C. 轮廓可以是不封闭的线段

D. 路径可以是不封闭的线段

6. 不属于"修剪 / 延伸"命令中的选项的是（　　）。

A. 修剪或延伸为角

B. 修剪或延伸为线

C. 修剪或延伸一个图元

D. 修剪或延伸多个图元

7. "实心拉伸"命令的用法，正确的是（　　）。

A. 轮廓可沿弧线路径拉伸

B. 轮廓可沿单段直线路径拉伸

C. 轮廓可以是不封闭的线段

D. 轮廓按给定的深度值作拉伸，不能选择路径

二、填空题

1. 族的创建中，需要有两个轮廓才能创建出模型的是 _____ 和 _____。

2. 在项目中视图比例除了在属性选项板中设置，还可以通过 _____ 设置。

3. 视图的详细程度分为 _____、_____ 和 _____。

4. 放样融合的形状由 _____、_____ 和指定的 _____ 确定。

三、判断题

1. 项目浏览器用于显示当前项目中所有视图、明细表、图纸、族、组和其他部分的逻辑层次。（　　）

2. 可以对快速访问工具栏进行自定义包含一组默认工具，使其显示常用的工具。（　　）

3. 图形比例可以自定义输入任意比例值。（　　）

4. 实心与空心的创建方式相同，均有 4 种创建方式。（　　）

5. 前、后、左、右参照平面作用与强参照类似。（　　）

操作题1

四、操作题

1. 利用拉伸命令，完成习题图 –1 所示模型的创建。

俯视图　　　　　　　　　　　　　　轴测图

习题图 –1

2. 根据习题图 –2 给定的投影尺寸，利用融合的知识，创建模型。

操作题2

平面图　1:1000

习题图 –2

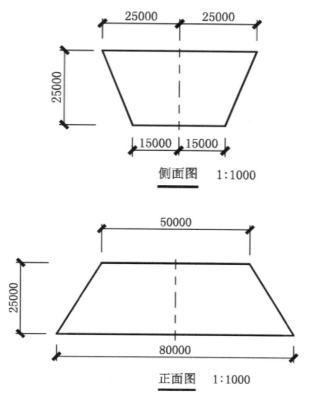

续习题图 –2

3. 根据习题图 –3 给定的投影尺寸，利用旋转的知识，创建模型。

操作题 3

习题图 –3

4. 根据习题图 –4 给定的轮廓和路径，利用放样的知识，创建柱顶饰条。

操作题 4

习题图 -4

5. 根据习题图 -5 给定的投影尺寸，利用拉伸、融合、旋转的知识，完成下面模型。

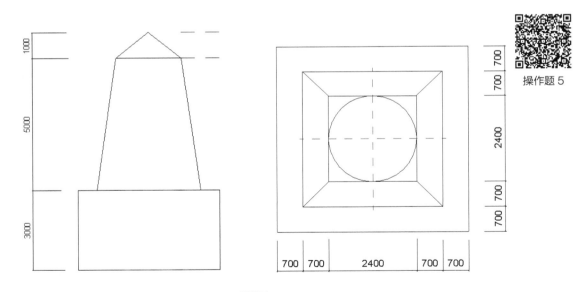

操作题 5

习题图 -5

6. 根据习题图 -6 给定的投影尺寸，完成下面杯形基础模型，整体材质为混凝土。

操作题 6

主视图 1:20

俯视图 1:20

左视图 1:20

习题图 –6

7. 根据习题图 –7 给定的投影尺寸，创建过滤器模型，材质为不锈钢。

主视图 1:100

左视图 1:100

俯视图 1: 100

习题图 –7

8. 根据习题图 -8 给定的投影尺寸，创建仿交通锥模型。

主视图、侧视图1：10

俯视图1：10

习题图 -8

第3章 注释族

注释符号族是项目的基本组成部分。在项目中对构件进行标记、创建注释符号等。在项目中，注释族可以根据构件已经定义的参数信息自动提取需要的数据并创建标记，符号族可以在平面或者立面视图中创建标高、高程点等符号。注释族是通过在族中关联所需的参数，并在项目中对构件相关参数进行定义，来创建标记。符号族是直接或间接地被应用于创建符号。而高程点符号可以直接根据插入点的标高进行标记。

3.1 标头类注释族

3.1.1 标高标头

创建步骤如下。

1.选择样板文件

单击 Revit 界面左上角的应用程序按钮，单击"新建"，选择"族"类型，如图 3-1 所示。

图 3-1

在"新族 – 选择样板文件"对话框中，打开"注释"文件夹，选择"公制标高标头"。单击"打开"，如图 3-2 所示。

图 3-2

2. 绘制标高符号

单击"创建"选项卡→"详图"面板→"直线"命令按钮。线的子类别选择"标高标头"，如图 3-3 所示。

图 3-3

绘制一个等腰三角形，符号的尖端在参照线的交点处，如图 3-4 所示。

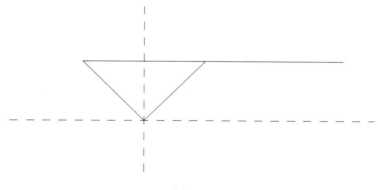

图 3-4

3. 编辑标签

单击"创建"选项卡中"文字"面板中的"标签"命令，选中格式面板中的"▤"和
"▤"按钮，单击"属性"对话框中的"编辑类型"，如图 3-5 所示，打开"类型属性"
对话框。

图 3-5

调整文字大小、字体、下画线是否显示等，复制新类型 3.5mm，按照制图标准，将文
字大小改成 3mm 或 3.5mm，宽度系数改为 0.7。单击"确定"，如图 3-6 所示。

图 3-6

续图 3-6

4.添加标签到标高标头

单击参照平面的交点确定标签的位置，弹出"编辑标签"对话框，在"类别参数"下
选择"立面"，单击 ⬇ 按钮，将"立面"参数添加到标签，单击"确定"，如图 3-7 所示。

图 3-7

可以在样例值栏里填写名称，编辑参数样例值的单位格式，单击 📌 按钮，出现对话框，按照制图标准，标高数字应以"米"为单位，注意写到小数点以后第三位，再单击"确定"，如图 3-8 所示。

图 3-8

添加名称到标签栏，将立面和名称的标签类型都改成 3.5mm，将样板中自带的多余的线和文字删掉，只留标高符号和标签，如图 3-9 所示。

名称 立面

图 3-9

5. 载入项目中测试

将创建的族另存为"标高标头"，单击"族编辑器"面板中的"载入到项目中"命令，将创建的标高标头载入到项目中。进入项目里的东立面视图，单击"建筑"选项卡中"基准"面板中的"标高"命令，单击"属性"面板中的"类型属性"，弹出"类型属性"对话框，调整类型参数，在符号栏里使用刚载入的符号，单击"确定"，如图 3-10 所示。

图 3-10

单击"确定"绘制标高，完成效果如图 3-11 所示。

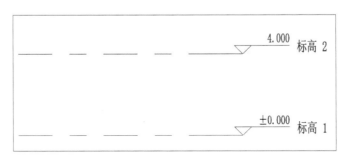

图 3-11

3.1.2　轴网标头

1. 轴网标头的创建

创建步骤如下。

（1）选择样板文件，单击 Revit 界面左上角的应用程序按钮 ▲ →"新建"→选择"族"类型。

（2）在"新族－选择样板文件"对话框中，打开"注释"文件夹，选择"公制轴网标头"，单击"打开"，如图 3–12 所示。

图 3–12

（3）绘制轴网标头。按照制图标准，轴号圆应用细实线绘制，直径为 8~10mm。定位轴线形圆心应在定位轴线的延长线上。

（4）单击"建筑"选项卡→"详图"面板→"线"命令⌒下的 ⊘ 按钮。"线"的子类别选择"轴网标头"，删除族样板中的引线和注意事项，绘制一个直径为 8mm 的圆，圆心在参照平面交叉点处，如图 3–13 所示。

图 3–13

（5）添加标签到轴网标头，编辑标签。单击"创建"选项卡中"文字"面板中的"标签"命令，选中格式面板中的▤和▤按钮，单击参照平面的交点，以此来确定标签的位置，弹出"编辑标签"对话框，在"类别参数"下选择"名称"，单击▤按钮，将"名称"添加到标签，样例值上填写数字或字母，单击"确定"，如图 3-14 所示。

图 3-14

（6）选中标签，单击"属性"对话框中的"编辑类型"，打开"类型属性"对话框，可以调整文字大小、文字字体，复制新类型 4.5mm，按照制图标准，将文字大小改成 3mm 或 3.5mm，宽度系数改为 0.7，单击"确定"，如图 3-15 所示。

（7）载入项目中测试。将创建好的族另存为"轴网标头"，单击"族编辑器"面板中的"载入到项目中"将创建好的轴网标头载入到项目中。进入到项目里的 F1 视图，单击"建筑"选项卡中"基准"面板中的"轴网"命令，单击"属性"面板中的"类型属性"，弹出"类型属性"对话框，调整"类型参数"，在符号栏里使用上一步载入的符号，单击"确认"，如图 3-16 所示。

单击"确定"，绘制轴网，创建完成，如图 3-17 所示。

2. 轴网斜标头的创建

创建步骤如下。

（1）选择样板文件。单击 Revit 界面左上角的 ▣（应用程序）按钮→"新建"→选择"族"类型。

在"新族 - 选择样板文件"对话框中打开"注释"文件夹，选择"公制轴网标头"。单击"打开"。

图 3-15

图 3-16

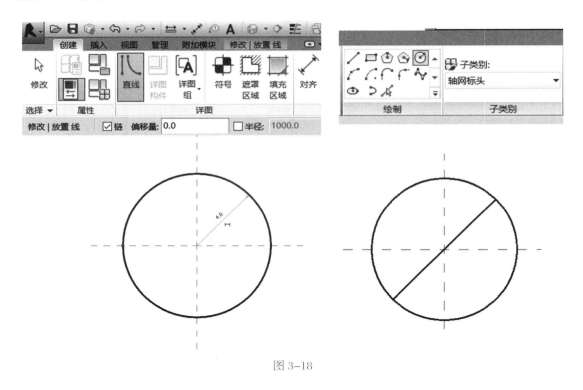

图 3-17

（2）绘制轴网标头，按照制图标准，轴号圆应用细实线绘制，直径为 8~10mm，定位圆心应在定位轴线的延长线上。

单击"建筑"选项卡下"详图"面板中的"直线"命令后，选择圆形 ⊘ 按钮，线的子类别选择"轴网标头"，删除族样板中的引线和注意事项。绘制一个直径为 8mm 的圆，圆心在参照平面交叉点处。再单击"直线"命令 ╱ 按钮，过圆形绘制一条 45° 的斜直径，如图 3-18 所示。

图 3-18

（3）添加标签到轴网标头，编辑标签。单击"创建"选项卡中"文字"面板中的"标签"命令，选中格式面板中的 ▤ 和 ▤ 按钮，单击标头的左侧部分，以此来确定标签的位置。弹出"编辑标签"对话框，在"类别参数"下选择"名称"，单击 ▤ 按钮，将"名称"添加到标签，样例值上填写数字或字母，单击"确定"。

再次编辑标签，在"编辑标签"对话框里单击 ⊡ 按钮，给标签添加参数，弹出"参数属性"对话框，点击"选择"命令按钮，弹出对话框，选择"是"，如图 3-19 所示。

图 3–19

　　点击"是"后，弹出"编辑共享参数"对话框，点击"创建"命令按钮，文件命名为"轴网斜标头"，点击"确定"完成创建。返回"编辑共享参数"对话框。在"组"下点击"新建"，创建一个"新参数组"，命名为"1"（也可以命名为其他名称），在"参数"下点击"新建"，创建一个新的"参数属性"，名称命名为"轴网斜标头 1"，"参数类型"选择为"长度"，点击"确定"完成创建。

再点击"确定"，返回"编辑标签"对话框，如图 3-20 所示。

图 3-20

（4）在"编辑标签"对话框左侧选择"轴网斜标头 1"，单击 ⬚ 按钮，将"轴网斜标头 1"添加到标签，样例值上填写数字或字母，单击"确定"，如图 3-21 所示。

（5）载入项目中测试。将创建好的族另存为"轴网标头"。单击"族编辑器"面板中的"载入到项目中"命令将创建好的轴网标头载入到项目中。进入项目里的 F1 视图，单击"建筑"选项卡中"基准"面板中的"轴网"命令，单击"属性"面板中的"类型属性"，弹出"类型属性"对话框，调整类型参数，在符号栏里使用刚载入的符号。单击"确定"，如图 3-22 所示。

图 3-21

图 3-22

（6）在项目里关联共享参数。虽然我们在族里编辑了"轴网斜标头"，但是在项目里还没有识别，所以我们单击"管理"选项卡中的"项目参数"按钮，弹出"项目参数"对话框，单击"添加"命令按钮，弹出"参数属性"对话框，选择"共享参数"，再单击"选择"命令按钮，弹出"编辑共享参数"对话框，选择"轴网斜标头 1"点击"确定"，如图 3-23 所示。

图 3-23

　　点击"确定"后自动返回"参数类型"对话框，在右侧"类型"里勾选"轴网"，点击"确定"，完成关联共享参数，如图 3-24 所示。

图 3-24

3.1.3　详图索引标头

　　引用制图标准里关于索引符号与详图符号的规定，索引符号是由直径为 10mm 的圆和水平直径组成，圆及水平直径均应以细实线绘制。

　　索引符号应按下列规定编写：索引出的详图，如与被索引的详图在同一张图纸内，应在索引符号的上半圆中用阿拉伯数字注明该详图的编号，并在下半圆中间画一段水平细实线；索引出的详图，如与被索引的详图不在同一张图纸内，应在索引符号的上半圆中用阿拉伯数字注明该详图的编号，在索引符号的下半圆中用阿拉伯数字注明该详图所在图纸的编号，数字较多时，可加文字标注；索引出的详图，如采用标准图集，应在索引符号水平直径的延长线上加注该标准图集的编号。

创建步骤如下。

（1）选择样板文件。单击 Revit 界面左上角的"应用程序菜单"按钮→"新建"→"族"。

在"新族 – 选择样板文件"对话框中，双击打开"注释"文件夹，选择"公制详图索引标头"，单击"打开"，如图 3-25 所示。

图 3-25

（2）绘制详图索引标头。单击"创建"选项卡→"详图"面板→"直线"命令 中的 按钮，依据制图标准，绘制一个直径为 10mm 的圆，圆心在参照平面的交点处，再画一条水平直径，如图 3-26 所示。

（3）添加标签到详图索引标头标记。单击"创建"选项卡→"文字"面板→"标签"命令，选中"格式"面板中的 和 按钮。标签的类型选择 3.5mm，分别单击标头圆的上下半圆，添加"详图编号"标签到上半圆，"图纸编号"标签到下半圆。将样板中自带的"注意"删掉，结果只留详图索引符号和标签，如图 3-27 所示。

（4）载入项目中测试。将创建好的族另存为"公制详图索引标头"。单击"族编辑器"→"载入到项目中"命令，将创建好的详图索引标头载入项目中。在项目中，单击"管理"选项卡→"设置"面板→"其他设置"命令，在下拉菜单中，选择详图索引标记，单击弹出"类型属性"对话框。单击"复制"，将新类型名称命名为"详图索引标头，包括 3mm 转角半径 2"。将类型参数里图形参数详图索引标头的值选择刚刚载入的详图索引标头文件，如图 3-28 所示，单击"确定"。

图 3-26　　　　　　　　　　　　　　　　图 3-27

图 3-28

　　进入 F1 平面视图，单击"视图"选项卡→"创建"面板→"详图索引"命令，单击"属性"面板→"类型属性"命令，弹出"类型属性"对话框，调整类型参数，在详图索引标记栏里使用刚新建的详图索引标记类型，如图 3-29 所示，单击"确定"。

　　创建详图索引，这时会看到标记里面没有提取任何东西，需要将详图放在图纸里面才能自动提取出图号和图名，如图 3-30 所示。

图 3-29

图 3-30

3.1.4　剖面标头

1. 剖面标头 1 的创建。

剖面标头 1 的创建与详图索引标头的创建步骤一样，制图标准也一样，所得到的图形也一样，只是样板文件要替换成"公制剖面标头"，这里就不做赘述了。本小节主要是介绍剖面标头在项目中进行测试。

测试步骤如下。

（1）将创建好的族另存为"公制剖面标头 1"。单击"族编辑器"→"载入到项目中"命令，将创建好的剖面标头载入项目中。

（2）单击"管理"选项卡→"设置"面板→"其他设置"命令，在下拉菜单中，选择"剖面标记"；单击弹出"类型属性"对话框。单击"复制"，将新类型名称命名为"剖面标记 1"，将"类型参数"里图形参数详图索引标头的值选择刚刚载入的剖面标头文件，如图 3-31 所示，单击"确定"，即可测试在项目里所创建的族文件是否可用。

图 3-31

2.剖面标头末端 1 的创建。

创建步骤如下。

（1）选择样板文件。单击 Revit 界面左上角的"应用程序菜单"按钮→"新建"→"族"。

（2）在"新族 – 选择样板文件"对话框中，双击打开"注释"文件夹，选择"公制剖面标头"，单击"打开"，如图 3-32 所示。

图 3-32

（3）调整对象样式。单击"管理"选项卡→"设置"面板→"对象样式"命令，弹出"对象样式"对话框，单击"剖面标头"，再单击右下角"新建"，新建子类别名称为"剖面符号"，线宽投影选择 4，如图 3-33 所示，单击"确定"。

（4）绘制剖面标头末端符号。单击"创建"选项卡→"详图"面板→"直线"命令 按钮，绘制线条，上下两线的子类别分别是"剖面标头"和"剖面符号"。将两条线条的端点分别与左右参照平面对齐锁定，如图 3-34 所示。

单击"注释"选项卡→"尺寸标注"面板→"对齐"命令，标注参照平面。选中标注，单击"标签"→"添加参数"，弹出"参数属性"对话框，在"名称"栏输入"长度"，参数分组方式选择"尺寸标注"，单击"确定"，完成参数添加。

（5）载入项目中测试。将创建好的族另存为"公制剖面标头末端 1"。单击"族编辑器"→"载入到项目中"命令，将创建好的剖面标头末端载入项目中。其使用方法与剖面标头一样。

图 3-33

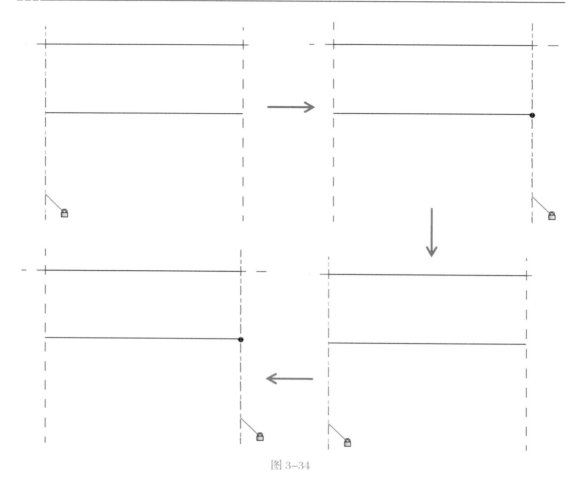

图 3–34

3.2　常规注释族

以创建一个详图索引符号为例，详图索引符号用来注释详图所在的图纸和图号等信息。创建步骤如下。

（1）选择样板文件。单击 Revit 界面左上角的"应用程序菜单"按钮→"新建"→"族"。在"新族 – 选择样板文件"对话框中，双击打开"注释"文件夹，选择"公制常规注释"，单击"打开"，如图 3–35 所示。

（2）绘制详图索引符号。将样板中自带的"注意"删掉，单击"创建"选项卡→"详图"面板→"直线"命令，依据制图标准，绘制一个直径为 10mm 的圆，圆心在参照平面的交点处，再画一条引线，如图 3–36 所示。

（3）添加标签到详图索引符号。单击"创建"选项卡→"文字"面板→"标签"命令，选中"格式"面板中的和按钮，标签的类型选择 3.5mm，单击圆的下半部分，进入"编辑参数"对话框。

图 3-35

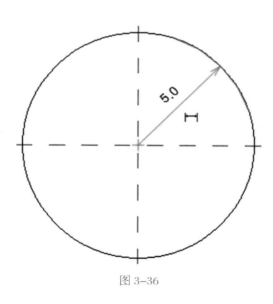

图 3-36

　　在"类别参数"栏添加参数。单击"添加参数"⬚命令，添加"图纸编号"类别参数，参数类型选择"文字"，如图 3-37 所示，单击"确定"。

　　再将图纸编号添加标签参数，样例值上输入 A101，单击"确定"，得到的图形如图 3-38 所示。

图 3-37

图 3-38

　　用相同方法依次添加新建"详图编号""图纸名称""注释"到类别参数，参数类型均选择"文字"，再添加到标签参数，样例值上分别写上"1""86J31""注释"（样例值可以按照自己的需要填写），标签的位置如图 3–39 所示。

图 3–39

　　在属性里勾选"随构件旋转"等，如图 3–40 所示。

图 3–40

（4）载入项目中测试。将创建好的族另存为"详图索引符号"，单击"族编辑器"→"载入到项目中"命令，将创建好的详图索引符号载入项目中。进入项目里的平面视图，单击"注释"选项卡→"符号"面板→"符号"命令，属性栏里选择刚载入的符号族，放置详图索引符号，如图 3-41 所示。

单击详图索引符号，会出现四个 0，可将 0 手动更改为要表达的信息，如图 3-42 所示，测试完成。

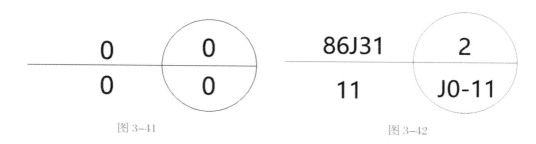

图 3-41　　　　　　　　　　　　　　　　　　　图 3-42

3.3　标记类注释族

3.3.1　门标记

（1）在应用程序菜单中选择"新建"→"族"→"注释"→"公制门标记"，单击"打开"按钮，如图 3-43 所示。

公制门标记

图 3-43

（2）单击"创建"选项卡下的"文字"面板中"标签"按钮，点击参照平面的交点放置标签，如图 3-44 所示。

（3）以"类型名称"为例，在左侧"类型参数"中选择"类型名称"，点击 按钮，使参数添加到"标签参数"，单击"确定"，如图 3-45 所示。

图 3-44

图 3-45

（4）在添加完标签后，要在类型属性里面勾上"随构件旋转"这一栏，如图 3-46 所示。

图 3-46

（5）选择刚刚创建的标签，在属性对话框中选择"编辑类型"，在"类型属性"对话框中修改标签属性，如图 3-47 所示。

类型属性

族(F):	系统族:标签		载入(L)...
类型(T):	3mm		复制(D)...
			重命名(R)...

类型参数

参数	值	=
图形		
颜色	■ 黑色	
线宽	1	
背景	不透明	
显示边框	☐	
引线/边界偏移量	2.0320 mm	
文字		
文字字体	Arial	
文字大小	3.0000 mm	
标签尺寸	12.7000 mm	
粗体	☐	
斜体	☐	
下划线	☐	
宽度系数	1.000000	

<< 预览(P)　　确定　　取消　　应用

图 3-47

（6）新建一个建筑样板，任意画面墙，墙上附着一扇门，如图 3-48 所示。

（7）按 Ctrl+Tab 组合健切换回创建族样板，单击"修改"选项下的"族编辑器"面板"载入到项目"按钮，如图 3-49 所示。

图 3-48

图 3-49

（8）点击在建筑样板中创建的门，如图 3-50 所示。

图 3-50

图 3-51

（9）选择创建的门，刚刚创建的"类型名称"与注释属性对话框中名称一致，如图 3-51 所示。

3.3.2 窗标记

公制窗标记

（1）在应用程序菜单中选择"新建"→"族"→"注释"→"公制窗标记"，单击"打开"按钮，如图 3-52 所示。

图 3-52

（2）单击"创建"选项下的"文字"面板中"标签"按钮，点击参照平面的交点放置标签。

（3）以"类型名称"为例，在左侧"类型参数"中选择"类型名称"。点击 🖳 按钮，使参数添加到"标签参数"，单击"确定"，如图 3-53 所示。

图 3-53

（4）在添加完标签后，要在类型属性里面勾上"随构件旋转"，如图 3-54 所示。

图 3-54

（5）选择刚刚创建的标签，在属性对话框中选择"编辑类型"，在"类型属性"对话框中修改标签属性，如图 3-55 所示。

图 3-55

（6）新建一个建筑样板，任意画面墙。墙上附着一扇窗，如图 3-56 所示。

（7）按 Ctrl+Tab 组合键切换回创建族样板，单击"修改"选项卡的"族编辑器"面板"载入到项目"按钮。

（8）点击在建筑样板中创建的窗，如图 3-57 所示。

（9）选择创建的窗，刚刚创建的"类型名称"与注释属性对话框中名称一致，如图 3-58 所示。

图 3-56

0915 x 1830mm

图 3-57

图 3-58

3.3.3　材质标记

材质标记

（1）在应用程序菜单中选择"新建"→"族"→"注释"→"公制常规注释"族样板。单击"打开"按钮，如图 3-59 所示。

图 3-59

（2）单击"创建"选项卡下的"属性"面板中"族类别和族参数"按钮，如图 3-60 所示。

在"族类别和族参数"对话框中，将族类别设置为"材质标记"，并勾选"随构件旋转"，如图 3-61 所示。

（4）单击"创建"选项卡的"文字"面板中"标签"按钮，点击参照平面的交点放置标签。

（5）以"名称"为例，在左侧"类别参数"中选择"名称"，点击 ⬇ 按钮，使参数添加到"标签参数"，单击"确定"。如图 3-62 所示。

图 3-60

图 3-61

图 3-62

（6）选择刚刚创建的标签，在属性对话框中选择"编辑类型"，在"类型属性"对话框中修改标签属性。如图 3-63 所示。

类型属性 ✕

族(F)：	系统族:标签	∨	载入(L)...
类型(T)：	3mm	∨	复制(D)...
			重命名(R)...

类型参数

参数	值	=
图形		⌃
颜色	■黑色	
线宽	1	
背景	不透明	
显示边框	☐	
引线/边界偏移量	2.0320 mm	
文字		⌄
文字字体	Arial	
文字大小	3.0000 mm	
标签尺寸	12.7000 mm	
粗体	☐	
斜体	☐	
下划线	☐	
宽度系数	1.000000	

| << 预览(P) | 确定 | 取消 | 应用 |

图 3-63

（7）新建一个建筑样板，创建一面带砖基本墙与金属立筋龙骨复合墙，如图 3-64 所示。

图 3-64

（8）按 Ctrl+Tab 组合键切换回创建族模板，单击"修改"选项下的"族编辑器"面板"载入到项目"按钮。

（9）单击墙的某种材质，如图 3-65 所示。

砌体 - 普通砖 75mm x 225mm

图 3-65

3.3.4　房间标记

房间标记

创建步骤如下。

（1）选择样板文件。单击 Revit 界面左上角的"应用程序菜单"按钮→"新建"→"族"。

在"新族 - 选择样板文件"对话框中，双击打开"注释"文件夹，选择"公制房间标记"，单击"打开"，如图 3-66 所示。

图 3-66

（2）添加标签到房间标记。单击"创建"选项卡→"文字"面板→"标签"命令，选中"格式"面板中的 ▤ 和 ▤ 按钮。标签的类型选择 3.5mm，单击参照平面的交点，以此来确定标签的位置。弹出"编辑标签"对话框，在"类别参数"下，选择"名称"，单击 ⬚ 按钮，将"名称"参数添加到标签，如图 3-67 所示。

图 3-67

可以在样例值栏里填写名称，例如"房间名称""房间"等，再单击"确定"，如图 3-68 所示。

图 3-68

如果想要房间标记里含有面积，可以用相同方法添加"面积"标签，样例值栏填写数字，单位为 m^2，比如"150m^2"，单击"确定"，最后得到房间标记，如图 3-69 所示。

图 3-69

（3）调整面积的可见性设置。调整面积"150m²"的类型属性，单击标签，单击"可见"栏后面的▓，弹出"关联族参数"对话框。单击"添加参数"▓命令，弹出"参数属性"对话框，在名称栏里填写名称，例如"标记可见"，单击"确定"，如图 3-70 所示。

图 3-70

单击"族类型"，标记可见已经在参数栏里了，如图 3-71 所示。

图 3-71

（4）载入项目中测试。将创建好的族另存为"公制房间标记"，单击"族编辑器"→"载入到项目中"命令，将创建好的房间标记载入项目中。进入项目里的 F1 视图，单击"建筑"选项卡→"房间和面积"面板→"房间"命令，单击"属性"面板→"属性"命令，弹出"属性"对话框，选择刚载入进去的符号，如图 3-72 所示，单击"确定"。

对房间类型进行标记，选中房间标记，单击"类型属性"命令，在弹出的"类型属性"对话框里，取消勾选"标记可见"，房间标记则不显示了，如图 3-73 所示，测试完成。

图 3-72

图 3-73

3.3.5　多类别标记

创建步骤如下。

（1）选择样板文件。单击 Revit 界面左上角的"应用程序菜单"按钮→"新建"→"族"。

在"新族－选择样板文件"对话框中，双击打开"注释"文件夹，选择"公制多类别标记"，单击"打开"，如图 3–74 所示。

图 3–74

（2）添加标签到多类别标记。与创建门窗标记族类似，添加标签"族名称""类型名称""类型标记"，单击"确定"完成，添加完成后效果图，如图 3–75 所示。

（3）载入项目中测试。将创建好的族另存为"家具标记"，单击"族编辑器"→"载入到项目中"命令，将创建好的家具标记载入项目中。单击"载入到项目中"，用此来标记一个家具族，单击"项目浏览器"→"族"→"注释符号"→"家具标记"→"家具标记"，将其拖入绘图区域中并选定，如图 3–76 所示，测试完成。

图 3-75

餐椅 1 2D
餐椅(435*450*905)

图 3-76

3.3.6　柱标记

创建步骤如下。

（1）选择样板文件。单击 Revit 界面左上角的"应用程序菜单"按钮→"新建"→"项目"。

在弹出的"新建项目"对话框中，选择"结构样板"，单击"确定"，如图 3-77 所示。

图 3-77

（2）添加共享参数。单击"管理"选项卡→"设置"面板→"共享参数"命令，打开"编辑共享参数"对话框，如图 3-78 所示。

图 3-78

单击"编辑共享参数"对话框中的"创建"命令，给共享参数文件命名，保存在指定位置，如图 3-79 所示。

图 3-79

单击"组"下面的"新建"命令，在弹出的"新参数组"对话框中命名为"柱参数"，单击"确定"，如图 3-80 所示。

图 3-80

单击"参数"下面的"新建"命令，设置参数属性，然后依次新建参数，填写不同名称，设置相同规程和参考类型，如图 3-81 所示。

（3）将共享参数载入到项目中。单击"管理"选项卡→"设置"面板→"项目参数"命令，打开"项目参数"对话框，如图 3-82 所示。

单击"添加"命令，调整参数属性，单击"选择"命令，在弹出的"共享参数"对话框中选择参数，单击"确定"，如图 3-83 所示，依次将所有共享参数添加到项目中。

图 3-81

图 3-82

图 3-83

选中一根柱子，可以看到它的实例属性，如图 3-84 所示。

（4）创建注释族。单击 Revit 界面左上角的"应用程序菜单"按钮→"新建"→"族"。

在"新族 - 选择样板文件"对话框中，双击打开"注释"文件夹，选择"公制常规注释 .rft"，单击"打开"，如图 3-85 所示。

图 3-84

图 3-85

单击"创建"选项卡→"属性"面板→"族类别和族参数"命令，选择类别为"结构柱标记"，勾选"随构件旋转"，如图 3-86 所示。

单击"创建"选项卡→"文字"面板的"标签" 命令，在空白处单击弹出"编辑标签"对话框，单击下面的"添加参数"命令，出现"参数属性"对话框，然后点击"参数类型"下的"选择"，出现"共享参数"对话框。选择一个参数，单击"确定"，将这个参数添加到类别参数中。用相同的方法将其他参数依次添加到类别参数中。

图 3-86

选择新添加的参数，单击 按钮，将其添加到标签，依次将共享参数都添加到标签参数中，如图 3-87 所示。

图 3-87

然后设置"标签参数"，如图 3-88 所示，单击"确定"完成标签参数的编辑。

类型名称
b×h
8纵筋等级纵筋直径
箍筋等级箍筋直径@箍筋间距

图 3-88

选中标签，编辑标签的类型属性及实例属性，如图 3-89 所示。

图 3-89

载入项目中测试。将创建好的族另存为"柱标记"，单击"族编辑器"→"载入到项目中"命令，将创建好的柱标记载入项目中。选中绘制的柱子，修改"属性"对话框中"其他"属性中的参数，然后选择注释里的按类别标记，单击柱子，所要的柱标记就出来了，测试完成。如要添加其他柱子，可先修改柱子的实例属性，然后选择按类别标记。

3.3.7　高程点符号

创建步骤如下。

（1）选择样板文件。单击 Revit 界面左上角的"应用程序菜单"按钮 → "新建"→"项目"。

（2）在"新族–选择样板文件"对话框中，打开"注释"文件夹，选择"公制高程点符号"，单击"打开"，如图 3–90 所示。

图 3–90

（3）单击"创建"选项卡→"详图"面板→"直线" 命令，绘制如图 3–91 所示图形。

（4）载入项目中进行测试。将建好的族另存为"高程点符号"，单击功能区中"载入到项目中"按钮。在项目中，单击"注释"选项卡→"尺寸标注"面板→"高程点"按钮，将高程点符号放置到所需位置，如图 3–92 所示。

图 3-91

图 3-92

3.4　标题栏注释族

新建族，选择"标题栏"，然后选择图纸大小或自定义图纸大小，如图 3-93 所示。

图 3-93

选择图纸大小后开始创建标题栏。

首先，用宽线绘制图框，如图 3-94 所示。

图 3-94

单击鼠标选择所绘制的线，在金属框的"子类别"中修改线宽，如图 3-95 所示。

图 3-95

也可以点击"视图"选项卡→"图形"面板→"可见性 / 图形"修改线性，如图 3-96 所示。

点开"对象样式"弹出"对象样式"对话框，点击"图框"然后再点击"新建"，如图 3-97 所示。

输入所建的线型名称，如"粗线"，然后点击"确定"，如图 3-98 所示。

图 3-96

图 3-97

图 3-98

　　然后再修改"线宽 / 投影""线颜色""线型图案"，修改完成后再点击"确定"，如图 3-99 所示。

图 3-99

根据标题栏规定尺寸大小，在图框内部右下角绘制其标题栏，如图 3-100 所示。

图 3-100

在"创建"选项卡下面的"文字"选项框里"文字"，为标题栏添加相应的内容，如图 3-101 所示。

重庆建筑科技职业学院

BIM族应用

建筑设计专业

图 3-101

点击添加的文字，在"属性"框里的"编辑类型"中修改颜色、背景、文字字体、文字大小、宽度系数等参数，如图 3-102 所示。

将所有的文字内容添加完成后，如图 3-103 所示，就开始在文字后添加标签。

在"创建"选显卡下面的"文字"选项框里选择"标签"，为标题栏添加与文字相对应的内容，如图 3-104 所示，在项目名称后面选择添加"项目名称"的标签，可以在样例值中修改名称，也可以不作修改，等载入项目后在类型属性中修改。

类型属性　　　　　　　　　　　　　　　　　　　　✕

| 族(F): | 系统族:文字 | ▽ | 载入(L)... |

| 类型(T): | 8mm | ▽ | 复制(D)... |
| | | | 重命名(R)... |

类型参数

参数	值	=
图形		⌃
颜色	■ 黑色	
线宽	1	
背景	透明	▽
显示边框	☐	
引线/边界偏移量	2.0320 mm	
文字		⌃
文字字体	RomanD	
文字大小	5.0000 mm	
标签尺寸	12.7000 mm	
粗体	☐	
斜体	☐	
下划线	☐	
宽度系数	0.700000	

<< 预览(P)　　　　　确定　　　　取消　　　　应用

图 3-102

重庆建筑科技职业学院		项 目 名 称		
		项 目 地 址		
姓 名		BIM应用	校 对	
学 院			审 核	
专 业		A栋宿舍楼一层平面图	日 期	
学 号			图 号	

图 3-103

图 3-104

所有标签添加完成后，就可以载入到项目中，如图 3-105 所示。

重庆建筑科技职业学院		项 目 名 称	项 目 名 称		
		项 目 地 址	项 目 地 址		
姓 名	姓 名	BIM应用		校 对	校 对
学 院	学 院			审 核	审 核
专 业	专 业	A栋宿舍楼一层平面图		日 期	日 期
学 号	学 号			图 号	图 号

图 3-105

载入到项目中之后，在项目浏览器中右击"图纸"新建图纸，选择已建立的族，确定选择，并修改文字内容，将所有信息填写完整，即可保存使用。如图 3-106 和图 3-107 所示。

图 3-106

重庆建筑科技职业学院		项 目 名 称	重庆建筑科技学院A栋宿舍楼
		项 目 地 址	重庆市沙坪坝区
姓 名	李一白	BIM应用	校 对	郝鹏友
学 院	建筑城规学院		审 核	倪童学
专 业	建筑设计专业	A栋宿舍楼一层平面图	日 期	2022.05.20
学 号	20220520		图 号	JS-01

图 3-107

学习笔记

关键词

标头；门窗标记；标题栏；

习　　题

一、操作题

1. 绘制斜标头：⊘，并载入项目中测试。

2. 新建一个建筑样板，创建一面基本墙 – 带粉刷砖与砌块复合墙，插入固定窗 1200mm × 1500mm，再插入单扇门 750mm × 1800mm。要求：分别标记墙、门和窗。

3. 用标题栏注释族完成习题图 –1 的标题栏，并插入 A3 图纸中。

工程名称	2#楼及相关车库					
图　　名	2#楼3层平面图					
工程编号 2020-001	设计阶段	建　施	图　号	03	日　期	2020.01

习题图 –1

第4章 轮廓族

创建墙饰条
轮廓族

4.1 创建墙饰条轮廓族

这类族用于项目设计中的主体放样功能中的楼板边、墙饰条、层顶封檐带、屋顶檐槽，使用"公制轮廓 – 主体"样板来制作。

创建步骤如下：

选择样板文件。单击 Revit 界面左上角的"应用程序菜单"按钮→"新建"→"族"，在"新族 – 选择样板文件"对话框中选择"公制轮廓"族样板，如图 4-1 所示。

图 4-1

绘制墙饰条轮廓，选择直线命令进行绘制，如图 4-2 所示。

在"属性"对话框将轮廓用途设置为"墙饰条"，如图 4-3 所示。

载入项目。选择"建筑"选项卡下的"墙"命令，打开下拉菜单，选择"墙：饰条"，如图 4-4 所示。

图 4-2

图 4-3

图 4-4

　　打开"类型属性"对话框，在"构造栏"中将轮廓设置为之前载入的族，如图 4-5 所示。放置墙饰条，如图 4-6 所示。

图 4-5

图 4-6

4.2　创建分隔缝轮廓族

新建族，选择"公制轮廓"族样板。

绘制分隔缝轮廓，选择直线命令进行绘制，如图 4-7 所示。

创建分隔缝
轮廓族

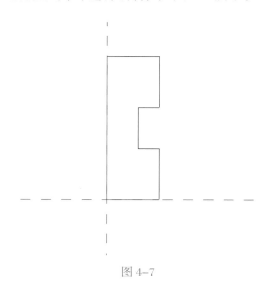

图 4-7

在"属性"对话框，将"轮廓用途"设置为"分隔条"，如图 4-8 所示。

图 4-8

载入项目中，在"建筑"选项卡下选择"墙"命令，打开下拉菜单，选择"墙：分隔条"，如图 4-9 所示。

图 4-9

打开"类型属性"对话框，在"构造"栏中将轮廓设置为之前载入的族，如图 4-10 所示。放置分隔缝，如图 4-11 所示。

图 4-10

图 4-11

4.3　创建楼板边缘轮廓族

新建族，选择"公制轮廓"族样板。

绘制楼板边缘轮廓，选择直线命令进行绘制，如图 4-12 所示。

图 4-12

在"属性"对话框，将"轮廓用途"设置为"楼板边缘"，如图 4-13 所示。

图 4-13

载入项目中，在"建筑"选项卡下选择"楼板"命令，打开下拉菜单，选择"楼板：楼板边"如图 4-14 所示。

图 4-14

打开"类型属性"对话框，在"构造"栏中将轮廓设置为之前载入的族，如图 4-15 所示。

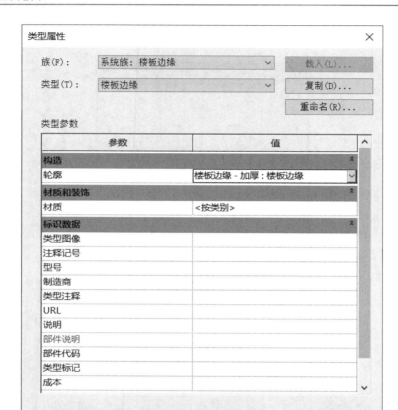

图 4-15

放置楼板边缘，如图 4-16 所示。

图 4-16

4.4　创建封檐板轮廓族

创建封檐板
轮廓族

新建族，选择"公制轮廓"族样板。

绘制楼板边缘轮廓，选择直线命令进行绘制，如图 4-17 所示。

在"属性"对话框，将"轮廓用途"设置为"封檐板"，如图 4-18 所示。

图 4-17

图 4-18

载入项目中，在"建筑"选项卡下选择"屋顶"命令，打开下拉菜单，选择"屋顶：封檐板"如图 4-19 所示。

图 4-19

打开"类型属性"对话框,在"构造"栏中将轮廓设置为之前载入的族,如图 4-20 所示放置封檐板,如图 4-21 所示。

类型属性   ×

族(F):   系统族:封檐板   ∨   载入(L)...

类型(T):   封檐板   ∨   复制(D)...

                                                重命名(R)...

类型参数

参数	值
构造	⌃
轮廓	封檐板:封檐板 ∨
材质和装饰	⌃
材质	<按类别>
标识数据	⌃
类型图像	
注释记号	
型号	
制造商	
类型注释	
URL	
说明	
部件说明	
部件代码	
类型标记	
成本	

<< 预览(P)   确定   取消   应用

图 4-20

图 4-21

4.5 创建檐槽轮廓族

新建族，选择"公制轮廓"族样板。

绘制檐槽轮廓，选择直线命令进行绘制，如图 4-22 所示。

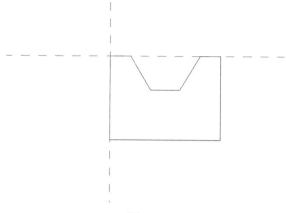

图 4-22

在"属性"对话框，将"轮廓用途"设置为"檐沟"，如图 4-23 所示。

图 4-23

载入项目中，在"建筑"选项卡下选择"屋顶"命令，打开下拉菜单，选择"屋顶：檐槽"，如图 4-24 所示。

图 4-24

打开"类型属性"对话框，在"构造"栏中将轮廓设置为之前载入的族，如图 4-25 所示。

图 4-25

放置檐槽，如图 4–26 所示。

图 4–26

学习笔记

_____

_____

_____

_____

关键词

轮廓族；墙饰条轮廓族；楼板边缘轮廓族；封檐板轮廓族；檐槽轮廓族；

习　　题

一、操作题

1. 完成习题图 –1 中檐槽轮廓的创建，并将其载入到项目中测试。

2. 创建形状和尺寸为习题图 –2 的墙饰条轮廓族，载入到习题图 –3 中墙体内侧、高度 1000mm 的位置，其他无关信息可忽略。

3. 用分隔缝轮廓族在习题图 –3 中墙体外侧加入 4 个 30mm 宽的分隔条，分隔条位置按图中要求布置，其他无关信息可忽略。

檐槽详图 1:5

习题图 –1

东立面轮廓 1:20

习题图 –2

20厚白色涂料

30宽分隔缝

200厚砖墙

10厚白色涂料

10厚木板墙勒脚

外侧

内侧

30 30 30

30 70 30 70 30 70

500

200

±0.000　标高 1

墙身局部详图 **1：5**

习题图 -3

第5章 结构族

5.1 创建结构基础

结构中常用的基础类型有扩展基础、条形基础、筏形基础、桩基础等，其在 Autodesk Revit 中的实现不相同。其中一些在与其他结构分析软件交互时，不能作为结构基础进行传递。本节主要讲述 Revit 中具备结构属性的三种基础类型：独立基础、墙下条形基础和板基础。

5.1.1 独立基础

在 Revit 中，独立基础是一个宽泛的概念，它包括扩展基础、桩基础、桩承台等，其中的桩还可以是各种类型的桩，如预应力混凝土管桩、混凝土灌注桩、钢桩等，只要在桩的定义中标明即可。

独立基础

扩展基础创建步骤如下。

1. 选择样板文件

单击 Revit 界面左上角的"应用程序菜单"按钮→"新建"→"族"。在"新族—选择样板文件"对话框中，选择"公制结构基础 .rft"，单击"打开"，如图 5-1 所示。

图 5-1

2.设置族类别

进入族编辑器后单击按钮，打开"族类别和族参数"对话框，如图 5-2 所示。由于所选用的是基础样板文件，默认状态下"族类别"已被选择为"结构基础"。"族参数"对话框中还有一些参数可以勾选。

图 5-2

①基于工作平面：可以通过勾选此项，在放置基础时，不仅可以放置在某一标高上，还可以放置在某一工作平面上。

②总是垂直：不勾选此项，基础可以相对水平面有一定的旋转角度，而不总是垂直。

③加载时剪切的空心：勾选该参数后，在项目文件中，基础可以被带有空心且基于面的实体切割时能显示出被切割的空心部分。默认设置为不勾选。

④结构材质类型：可以选择基础的材料类型，包括钢、混凝土、预制混凝土、木材和其他五类。

3.绘制参照平面

在项目浏览器里打开"参照标高"视图，单击"创建"选项卡→"基准"面板→"参照标高"命令，单击左键开始绘制参照平面，如图 5-3 所示。

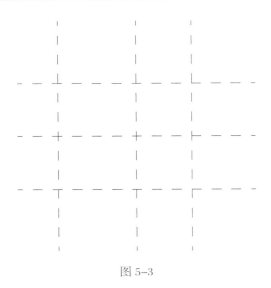

图 5-3

单击"注释"选项卡→"尺寸标注"面板→"对齐"命令，标注横向的三条参照平面。在连续标注的情况下会出现EQ符号，单击EQ可切换成EQ（EQ为距离等分符号）模式，使三个参照平面间距相等，如图 5-4 所示，用相同参照方法标注纵向的三个参照平面。

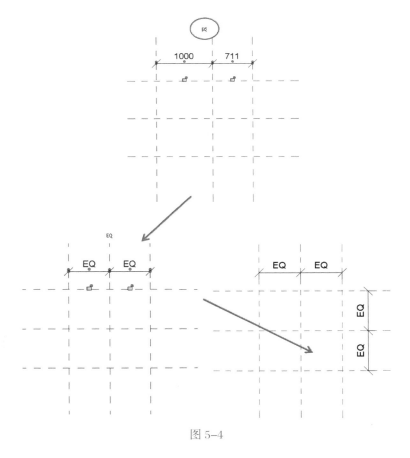

图 5-4

快捷键 DI 标注参照平面尺寸，选择横向标注，单击"标签"→"添加参数"，弹出"参数属性"对话框，在"名称"栏输入"边长"，单击"确定"添加纵向标注为相同参数，如图 5-5 所示。

图 5-5

4. 绘制基础

单击"创建"选项卡→"形状"面板→"拉伸"命令，单击"修改 | 创建拉伸"选项卡下"绘制"面板矩形按钮，绘制图形，并和参照平面锁定。单击 ✔ 完成绘制。进入"前"立面视图，选中拉伸绘制的形体，拉伸下部与参照平面对齐锁定，如图 5-6 所示。

图 5-6

标注图形高度并添加参数"h1"，如图 5-7 所示。

图 5-7

回到"参照标高"视图，单击"创建"选项卡"形状"面板。执行"拉伸"命令，单击"修改 创建拉伸"选项卡下"绘制"面板矩形按钮，绘制图形，并用EQ平分，标注添加参数，如图 5-8 所示。进入"前"立面视图，选中刚拉伸绘制的形状，拉伸下部与第一次绘制的形体的上部对齐锁定。标注图形高度并添加参数"H"，如图 5-9 所示。

5. 添加材质参数

基础进入三维视图，选中绘制的图形，打开"属性"面板，单击"材质"后的小方框，在弹出的"关联族参数"对话框中单击"添加参数"，在弹出的"参数属性"对话框中，在"名称"栏输入"基础材质"，单击"确定"，如图 5-10 所示，完成材质参数的添加。

图 5-8

图 5-9

图 5-10

扩展基础族绘制完成，如图 5-11 所示，可载入项目中进行测试。

图 5-11

5.1.2　墙下条形基础

条形基础是结构基础类别的一种，并以墙为主体，可在平面视图或三维视图中沿着结构墙放置这些基础，条形基础被所支撑的墙约束，并随之移动。

首先单击"创建"选项卡→"基础"面板→"条形"命令进入墙基础编辑界面。在墙基础"属性"对话框中，我们可以选择墙基础的类型，设置钢筋的保护层厚度、启用分析模型等，如图 5-12 所示。

在"属性"对话框中单击"编辑类型"，打开"类型属性"对话框，在"类型属性"对话框中，修改或复制添加新的墙基础类型，如图 5-13 所示。

图 5-12   图 5-13

在"结构用途"一栏，此时默认类型是"基础"，还有另一选项"挡土墙"基础。其他参数意义，如图 5-14 所示，300 代表厚度，900 代表宽度，"0"代表默认端点延伸长度。

图 5-14

墙基础添加后在"属性"对话框中会出现"偏心"一栏，如图 5-15 所示，100 代表偏心距离。

图 5-15

5.1.3　板基础

板基础和墙基础是系统自带的族文件。板基础的性能和结构楼板有很多相似之处，下面来介绍板基础的应用和参数设置。

首先单击"创建"选项卡→"基础"面板→"板"命令，在板基础的下拉菜单下有两种工具，分别是"基础底板"和"楼板边缘"。单击"基础底板"，进入"板基础"编辑状态，可以根据基础的边界形状选择合适的形状绘制工具，在绘图区域内绘制板基础的形状，如图 5-16 所示。

图 5-16

板基础实例属性和类型属性的设置也和结构楼板基本相同，但与结构楼板不同的是，在绘制板基础时，默认状态下没有板跨方向，用户可以通过单击"跨方向" 🖑 跨方向 按钮，然后选中绘图区域的"板基础"边界线，即可为板基础添加跨方向。也可以单击"坡度箭头" 📐 按钮，为板基础添加坡度。

5.2　创建结构柱

结构柱用于对建筑中的垂直承重图元进行建模。尽管结构柱与建筑柱共享很多属性，但结构柱还具有许多自身的配置和行业标准定义的其他属性。在项目中可通过手动放置每根柱或使用"在轴网处" ⊞ 工具将柱添加到选定的轴网交点方式创建柱。通常使用的结构柱主要是钢筋混凝土柱和钢柱。下面以 L 形柱为例，介绍结构柱的具体创建过程。

创建步骤如下。

1. 选择样板文件

在"新族 – 选择样板文件"对话框中，选择"公制结构柱 .rft"单击"打开"，如图 5-17 所示。

图 5-17

2. 修改原有样板

进入"楼层平面"→"低于楼层平面"视图，删除原样板中的 EQ 等分标注，如图 5-18 所示。

移动两条参照平面，具体位置不重要。"宽度"和"深度"参数是原有的，而"厚度"参数需要新建，按快捷键 DI 标注参照平面尺寸，如图 5-19 所示。

图 5-18

图 5-19

　　选中横向标注，单击"标签"→"添加参数"，弹出"参数属性"对话框，在"名称"栏输入"厚度"，单击"确定"，如图 5-20 所示。用同样的方法添加竖向标注参数。

　　3. 绘制柱

　　进入"楼层平面"→"低于参照标高"视图，单击"创建"选项卡→"形状"面板→"拉伸"命令绘制拉伸轮廓，并与参照平面锁定，如图 5-21 所示。重复以上操作。

　　单击"修改"面板，修改绘制的草图，如图 5-22 所示，完成拉伸绘制。

　　打开"前"视图，选中刚绘制的矩形形体拉伸上部，并与"高于参照标高"锁定。拉伸下部并与"低于参照标高"锁定，如图 5-23 所示。

图 5-20

图 5-21

图 5-22

图 5-23

4. 添加材质参数

进入三维视图，选中柱子，打开"属性"面板，单击"材质"后的小方框，在弹出的"关联族参数"对话框中单击"添加参数"，在弹出的"参数属性"对话框中，在"名称"栏输入"柱子材质"，单击"确定"，如图 5-24 所示，完成材质参数的添加。

图 5-24

L 形柱族创建完成（见图 5-25），可载入项目中进行测试。具体项目中还会用到矩形柱、圆柱、工字钢柱等，其创建方法与 L 形柱相同，只是绘制拉伸轮廓不同，这里不再作说明。

图 5-25

5.3　创建结构梁

结构梁

创建步骤如下。

1. 选择样板文件

在"新建选择样板文件"对话框中，选择"公制结构框架—梁和支撑.rft"，单击"打开"，如图 5-26 所示。

图 5-26

2.修改原有样板

删除在梁中心的线和两条参照平面。

3.修改可见性

选中用"拉伸"命令创建的梁形体,单击"拉伸 / 修改"上下文选项卡→"设置"面板→"可见性设置"命令,在弹出的"族图元可见性设置"对话框中,勾选"粗略",单击"确定",如图 5-27 所示。

图 5-27

此时梁形体为黑色显示,而不再是灰色,如图 5-28 所示。

图 5-28

4.修改拉伸

进入立面"右"视图,选中拉伸形体单击"修改 / 拉伸"上下文选项卡→"模式"面板→"编辑拉伸"命令,进入拉伸绘图模式,修改拉伸轮廓,如图 5-29 所示。

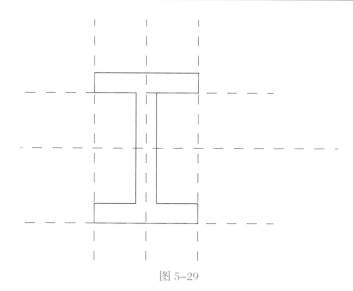

图 5-29

　　等分参照平面。单击"注释"选项卡→"尺寸标注"面板→"对齐"命令，标注参照平面，在连续标注的情况下会出现 EQ 符号，单击 EQ，切换成 EQ，使三个参照平面间距相等。接着为草图添加尺标注，并将草图与参照平面锁定，如图 5-30 所示。

图 5-30

选中放置的"40"尺寸标注，单击"标签"→"添加参数"，弹出"参数属性"对话框，在"名称"栏输入"梁中宽度"，选择实例，如图 5-31 所示，单击"确定"。

图 5-31

用相同方法添加其他参数，如图 5-32 所示，单击鼠标完成拉伸。

图 5-32

5. 添加材质参数

进入三维视图，选中绘制的梁，打开"属性"面板，单击"材质"后的小方框，在弹出的"关联族参数"对话框中单击"添加参数"，在弹出的"参数属性"对话框中，在"名称"栏输入"梁材质"，单击"确定"。如图 5-33 所示，完成材质参数的添加。

图 5-33

工字梁族绘制完成，如图 5-34 所示，可载入项目中进行测试。

图 5-34

学习笔记

关键词

结构基础；结构柱；结构梁；

习 题

一、操作题

1.按照习题图 –1 给出的项目图纸，创建相应的结构族，并载入项目中测试，要求如下：

（1）基础板的尺寸参考基础平面图右侧的断面图。请创建 2 个基础板族，添加参数，并分别载入到项目中，要求满足项目中 2 种条形基础的尺寸要求；

（2）1、4、A、C 轴线上条形基础的尺寸为 500mm × 500mm × 200mm，2、3、B 轴线上条形基础的尺寸为 400mm × 400mm × 200mm。请创建 1 个条形基础族，添加参数，并载入到项目中后，通过修改参数，满足项目中 2 种条形基础的尺寸要求；

（3）结构柱尺寸请参考— 1.000~7.170 标高柱子平法施工图。请创建 1 个结构柱族，添加参数，并载入到项目中后，修改参数，满足项目中 5 种条形基础的尺寸要求。

基础平面图 1:100

习题图 –1

−1.000~7.170标高柱子平法施工图

1:100

续习题图 −1

第6章 建筑族

6.1 门族的创建

门族的创建

新建族类型如图 6-1 所示。

图 6-1

选择公制门，公制门族样板如图 6-2 所示。

图 6-2

设定"工作平面",如图 6-3 所示。

图 6-3

内部和外部可以任意选,这里选墙的中心线是拉伸的基准面。

1.创建门框

绘制门框,在"创建"面板下选择"拉伸",绘制完成后,点击锁定图形符号将图形锁定,使之与参照平面关联,如图 6-4 所示。

图 6-4

在"属性"面板框里设置"拉伸起点"和"拉伸终点"分别为 –60 和 60，并为其添加材质参数，如图 6–5 所示。

为门框厚度设置参数，在参照标高平面内，为门板厚度添加注释。之后用对齐尺寸标注命令对其进行尺寸注释，长度为 120，在"修改尺寸标注"选项卡的标签栏为门板厚度添加参数，并命名为"门框厚度"，如图 6–6 所示。

图 6–5　　　　　　　　　　　　　　　　　图 6–6

2.创建门板

设定工作平面，内部和外部可以任意选，这里选墙的中心线是拉伸的基准面。

绘制门板，在"创建"面板下选择"拉伸"，选择绘制矩形。绘制结束后，将点击锁定图形符号将图形锁定，如图 6–7 所示。

在"属性"面板框里设置"拉伸起点"和"拉伸终点"分别为— 20 和 20,并为其添加材质参数，如图 6–8 所示。

为了使门板中心线与墙的中心线对齐,添加注释,等分,在"修改尺寸标注"选项卡的标签栏为门板厚度添加参数,并命名为"门板厚度"，如图 6–9 所示。

图 6-7

图 6-8　　　　　　　　　　　　　　　　图 6-9

3. 添加把手

添加把手，在插入选项卡中点击载入族，载入 2 个拉手，如图 6-10 所示。

图 6-10

在构件中放置把手，并与墙中心线对齐，单击把手，使其高亮显示，使把手的距离与门厚度关联。这里不能用注释添加参数的命令，因为把手是载入的族，需要修改它的内置参数。在"属性"面板框中单击"编辑类型"，单击"尺寸标注"的"面板厚度"的小方框，使之与门板厚度相关联，如图 6-11 所示。

图 6-11

添加把手距门底部距离的类型参数，添加把手到门板边的距离参数，如图 6-12 所示。

把手距门板边距离 = 180

把手距门底部距离 = 920

图 6-12

4.修改可见性

修改门板和把手的可见性使之在平面视图中不可见，如图 6-13 所示。

图 6-13

绘制门在施工图中的表现形式，并产生关联，使之与圆弧对齐，并使之与门宽产生关联，用注释，最后切换修改每个门把手类型的参数，如图 6-14 所示。

图 6-14

6.2　窗族的创建

（1）点击上方工具栏"新建"→"族"，如图 6-15 所示。

窗族的创建

图 6-15

（2）选择"公制窗"族样板，如图 6-16 所示。

图 6-16

进入界面，如图 6-17 所示。

图 6-17

（3）选择菜单栏中的"设置"，点选"拾取一个平面"，如图 6-18 所示。

图 6-18

单击中央水平线，如图 6-19 所示。

图 6–19

转到视图"立面：内部"，如图 6-20 所示。

图 6–20

（4）进入"立面：内部"视图后，建立以下参照平面，并建立参数：留边距离、上高度、中框宽度，如图 6-21 所示。

图 6-21

建立参数的方法：在"族类型"对话框中设置参数，如图 6-22 所示。

图 6-22

（5）通过"创建"→"拉伸"→"绘制"命令绘制如下线条（注意锁定），如图 6-23 所示。

图 6-23

完成效果如图 6-24 所示。

图 6-24

（6）通过拉伸，创建玻璃面板（注意锁定），如图 6-25 所示。完成后设定为玻璃材质效果。

图 6-25

（7）完成族建立，保存，效果如图 6-26 所示。

图 6-26

6.3　创建幕墙嵌板族

6.3.1　普通嵌板

创建步骤如下。

1. 选择族样板文件

单击 Revit 界面左上角的"应用程序菜单" 按钮，选择"新建"，单击"族"在"新建 – 选择样板文件"中选择"公制幕墙嵌板 .rft"，单击"打开"，如图 6–27 所示。

图 6–27

2. 绘制嵌板形状

进入"内部"立面视图，如图 6–28 所示，单击"创建"选项卡→"形状"面板→"拉伸"命令，选择"绘图"面板中的 ，进行绘图，如图 6–29 所示。

在"属性"对话框中键入"拉伸起点"为 –4，"拉伸终点"为 4，单击"确定"，完成拉伸。

3. 添加材质参数

选中所绘制的图元，打开"属性"面板，单击"材质"后面的 ，弹出"关联族参数"对话框，如图 6–30 所示，选择"添加参数"，在弹出的"参数属性"的名称中命名为"嵌板材质"，单击"确定"，完成材质参数的添加，如图 6–31 所示。

完成后就可以将嵌板族载入项目中进行调试。

图 6-28　　　　　　　　　　　　　　　　　　　图 6-29

图 6-30

图 6-31

6.3.2　嵌板门

创建步骤如下。

1. 选择族样板文件

单击 Revit 界面左上角的"应用程序菜单"按钮 ，选择"新建"，单击"族"在"新建选择样板文件"中选择"公制幕墙嵌板 .rft"，单击"打开"。

2. 绘制嵌板门扇

进入"内部"立面视图，单击"创建"选项卡→"形状"面板→"拉伸"命令，选择绘图面板中的 按钮，进行绘图，并和参照平面锁定。将偏移量输入"100.0"然后继续绘制，修改绘制的轮廓，如图 6-32 和图 6-33 所示。

选择 ▼	属性	剪贴板	几何图形	
深度 8.0		☑ 链	偏移量: 100.0	

图 6-32

图 6-33

　　单击"注释"选项卡"尺寸标注"面板"对齐"命令（见图 6-34）标注草图，单击"标签"（见图 6-35），选择"添加参数"（见图 6-36），弹出"参数属性"对话框，如图 6-37所示，在"名称"栏中输入"门框宽度"，单击"确定"。用同样的方法添加其他三个参数，如图 6-38 所示，单击完成绘制，如图 6-39 所示。

图 6-34

图 6-35

图 6-36

图 6-37

图 6-38

图 6-39

图 6-40

　　在"属性"对话框中，设置"拉伸起点"为— 30，"拉伸终点"为 30，单击"应用"完成拉伸。选中绘制的图形及标注参数，如图 6-40 所示。

　　3. 绘制玻璃拉伸

　　单击"创建"选项卡下"形状"面板中的"拉伸"命令，单击"绘制"面板 ⬜ 按钮，绘制图形，并锁定，如图 6-41 所示。

　　在"属性"对话框中，设置"拉伸起点"为"— 3.0"，"拉伸终点"为"-3.0"，单击"应用"，完成拉伸，如图 6-42 所示。

图 6-41

4. 绘制门把手

单击"创建"选项卡下"形状"面板中的"拉伸"命令，单击"绘制"面板按钮
，绘制草图，如图 6-43 所示。

在"属性"对话框中，设置"拉伸起点"为"30"，"拉伸终点"为"100"，如图 6-44
所示。进入"右"立面视图，如图 6-45 所示，运用"对齐" 命令，将绘制的门把手与
门框表面锁定，如图 6-46 所示。

图 6-42

图 6-43

图 6-44

图 6-45

5.添加材质参数

进入三维视图，选中第一次绘制的门框形体，打开"属性"面板，单击"材质"后的
▊，在弹出的"关联族参数"对话框中单击"添加参数"，弹出"参数属性"对话框，在"名
称"栏输入"门框材质"，单击两次"确定"，完成参数添加，如图 6-47 所示。用同样的
方法添加玻璃形体的材质参数"玻璃材质"，最后绘制的门把手材质参数为"门把手材质"，
如图 6-48 所示。

图 6-46   图 6-47

图 6-48

6. 对所画的所有图元进行镜像，形成双开门

用鼠标左键从内部视图的左下角向右上角拉，出现了被框选的对象，保证所有的图元都被框选，点击选择面板中的"过滤器"，如图 6-49 所示，弹出一个"过滤器"对话框，勾选"其他"，点击"应用"，再点击"确定"，如图 6-50 所示。

图 6-49　　　　　　　　　　　　　　　　　　　图 6-50

点击"修改"面板中的 符号，选择一条对称轴，如图 6-51 所示，完成绘制，如图 6-52 所示。

图 6-51

图 6-52

嵌板门族绘制完成，可载入项目进行测试。

6.4　内建模型

创建步骤如下。

1. 打开项目文件

单击 Revit 界面左上角的"应用程序菜单"按钮![icon]，选择"新建"，单击"项目"，如图 6-53 所示。在弹出的"新建项目"对话框中，选择样板文件为"建筑样板"，单击"确定"，如图 6-54 所示。

2. 创建内建模型

单击"建筑"选项卡下"构建"面板中的"构件"命令下拉菜单，选择"内建模型"，如图 6-55 所示。在弹出的"族类别和族参数"对话框，如图 6-56 所示，选择"族类别"为"常规模型"，单击"确定"，在弹出的"名称"栏输入"常规模型 1"，单击"确定"，如图 6-57 所示。

图 6-53

图 6-54

图 6-55

图 6-56

图 6-57

内建模型和族，有很大的相似之处，只不过内建模型不能参数化驱动，不能载入其他项目中。此处讲解融合模型，底部为八边形，顶部为四边形，如图 6-58 所示。

图 6-58

6.5　创建家具族

创建家具族

家具族是 Revit 中的一个重要类别，多用于室内装修设计。家具族一般可以分为两类：二维家具族和三维家具族。在某些特定的视图中不需要显示家具族的三维形体或不需要三维族的某些细节，则通过二维图形代替。常见的家具族有床、桌椅、沙发。我们以桌子为例，介绍三维家具族文件的创建过程。

1. 选择族样板文件

单击 Revit 界面左上角的"应用程序菜单" 按钮，选择"新建"，单击"族"。在"新建 – 选择样板文件"中选择"公制家具 .rft"，单击"打开"，如图 6-59 所示。

图 6-59

2. 绘制参照平面

单击"创建"选项卡"基准"面板选择"参照平面"，单击左键开始绘制参照平面，如图 6-60 所示。

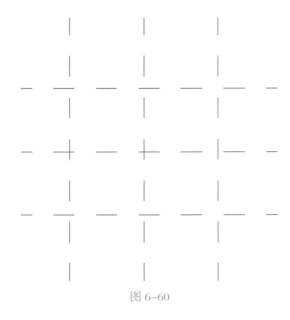

图 6-60

单击"注释"选项卡→"尺寸标注"→面板"对齐"命令，标注参照平面，在连续标注的情况下会出现符号 EQ，单击 EQ 符号，切换成 EQ 符号，使得横向和纵向的参照平面间距相等，如图 6-61 所示。

图 6-61

按快捷键 DI 标注参照平面尺寸，选择横向标注，选中一个标注，单击"标签"中的"添加参数"，如图 6-62 所示。在"名称"栏输入"长度"，单击"确定"。用同样的方法添加宽度参数，如图 6-63 所示。

图 6-62

在项目浏览器打开"前"立面视图，用同样的方法再绘制两条参照平面，标注并添加参物"桌腿高"和"桌高"，如图 6-64 所示。

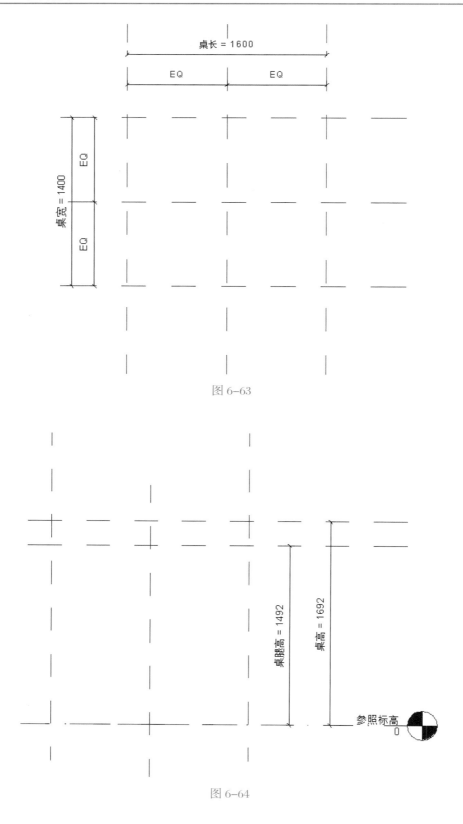

图 6-63

图 6-64

3.创建桌子主体

返回"参照标高",先绘制桌面,单击"创建"选项卡→"形状"面板→"拉伸" 命令,单击"绘制"面板中的"矩形" 命令,绘制图形,并和参照平面锁定,如图 6-65 所示,单击完成绘制。

图 6-65

进入"前"立面视图选择刚拉伸绘制的形体,拉伸上部与参照平面对齐,下部与参照平面对齐锁定,如图 6-66 所示。

绘制桌腿,先返回"参照标高",单击"创建"选项卡,选择"基准"面板,单击"参照平面",单击绘制参照平面,单击"注释"选项卡→"尺寸标注"面板→"对齐" 命令标注参照平面,在连续标注的情况下会出现符号,单击此符号,使得横向的参照平面间距相等,纵向的参照平面间距相等。

单击"创建"选项卡下"形状"面板中的"拉伸"命令,单击"绘制"面板"矩形" 命令,绘制图形并和参照平面锁定,单击完成绘制。如图 6-67 所示。

图 6-66

图 6-67

进入"前"立面视图，选择刚拉伸绘制的形体，拉伸上部与参照平面对齐，下部与参照平面对齐锁定，如图 6-68 所示。

图 6-68

4.添加材质参数

进入三维视图，选中第一次绘制的桌面形体，打开"属性"面板，单击"材质"后，在弹出的"关联族参数"对话框中单击"添加参数"，在弹出的"参数属性"对话框中，在"名称"栏输入"桌面材质"，单击"确定"，完成参数添加，如图 6-69 所示。用同样的方法添加桌腿形体的材质参数"桌腿材质"。

图 6-69

5.修改族参数

单击"创建"选项卡下"属性"面板,单击"族类型",如图 6-70 所示。

图 6-70

弹出"族类型"对话框,修改其中的尺寸标注,修改桌高 1200,桌长 1500,桌宽 1200,腿高 1150,点击"应用",再点击"确定",如图 6-71 所示。此时桌子尺寸改变了,如图 6-72 所示。

图 6-71

家具族完成,可以将家具族载入项目调试。

图 6-72

6.6 创建栏杆族

6.6.1 栏杆

创建步骤如下。

（1）选择样板文件。单击 Revit 界面左上角的"应用程序菜单"按钮→"新建"→"族"。
在"新族 – 选择样板文件"对话框中，选择"公制栏杆 .rft"，单击"打开"，如图 6–73
所示。

图 6–73

（2）绘制参照平面。进入"左"立面视图，绘制四条参照平面，垂直的两条参照平
面与原有垂直参照平面的距离为"25"，水平参照平面随意设置，如图 6–74 所示。

栏杆立面

顶交角 = 32.47°

栏杆高度 = 750

参照标高
0

底交角 = 32.47°

图 6-74

（3）创建栏杆形状。进入"参照标高"平面视图，单击"创建"选项卡→"形状"面板→"实心 旋转"命令，进入"实心 旋转"草图绘制模式。单击"创建"面板→"工作平面"面板→"设置"命令，选择"拾取一个平面"，单击"确定"。拾取竖直参照，弹出"转到视图"对话框，选择"立面：前"进入视图，如图 6-75 所示。

图 6-75

绘制栏杆轮廓，锁定上下直线到绘制的水平参照平面上。绘制完毕后，单击"绘制"面板→"轴线"命令→按钮，在视图中单击原有垂直参照平面，确定为轴线，设置旋转属性，完成旋转，如图 6-76 所示。

图 6-76

（4）裁剪实体模型。此工作的目的是使在栏杆以楼梯等倾斜的构件作为主体时，斜参照平面的夹角能自动适应栏杆主体的坡度。

单击"创建"选项卡→"形状"面板→"空心拉伸"命令，进入"空心拉伸"草图绘制模式，绘制拉伸轮廓。绘制完毕后，将它们各边与对应的参照平面锁定。在"属性"对话框，设置"拉伸起点"为"30.0"，"拉伸终点"为"－30.0"，如图 6-77 所示。同样方法创建下部空心拉伸。

图 6-77

（5）载入项目中测试并应用。将创建好的族另存为"栏杆"，单击"族编辑器"→"载入到项目中"命令，将创建好的栏杆族载入项目中。

单击"创建"选项卡→"楼梯坡道"面板→"扶手"命令，进入扶手绘制模式。绘制一条水平扶手，单击"属性"对话框→"编辑类型"命令，打开"类型属性"对话框，单击"栏杆位置"→"编辑"按钮，打开"编辑栏杆位置"对话框将"主样式"下的"栏杆族"设为制作好的栏杆，点击"确定"两次，完成扶手设置，如图 6-78 所示。

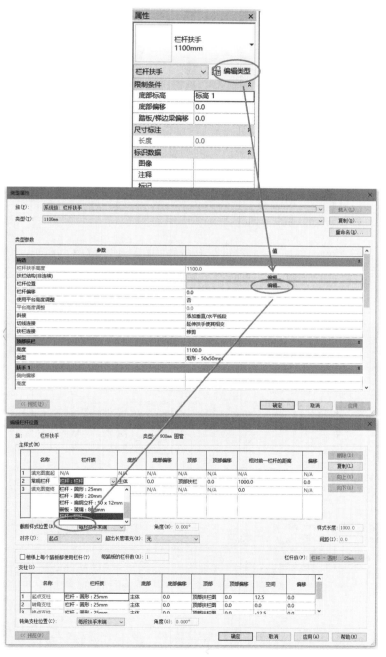

图 6-78

绘制结果如图 6-79 所示。

图 6-79

6.6.2　栏杆嵌板

（1）选择样板文件。单击 Revit 界面左上角的"应用程序菜单"按钮→"新建"→"族"。

在"新族 - 选择样板文件"对话框中，选择"公制栏杆 - 嵌板 .rft"，单击"打开"，如图 6-80 所示。

图 6-80

（2）绘制嵌板。进入"参照标高"平面视图，单击"创建"面板→"工作平面"面板→"设置"命令，选择"拾取一个平面"，单击"确定"。拾取竖直参照，弹出"转到视图"对话框，选择"立面：左"，进入左立面视图。

单击"创建"选项卡→"形状"面板→"实心－拉伸"命令按钮◢，绘制拉伸轮廓并与参照平面锁定。在"属性"对话框中，设置"拉伸起点"为"－3.0"，"拉伸终点"为"3.0"，如图 6-81 所示单击✔，完成拉伸。

图 6-81

单击"创建"选项卡→"形状"面板→"实心－拉伸"命令◢按钮，将偏移值设为"–150"，拾取嵌板动缘线。在"属性"对话框中设置"拉伸起点"为"－20.0"，"拉伸终点"为"20.0"，如图 6-82 所示，单击✔完成拉伸。

图 6-82

（3）为嵌板添加参数。选择绘制的嵌板，打开"属性"对话框，单击"材质"后的 □ ，在弹出的"关联族参数"对话框中单击"添加参数"，在弹出的"参数属性"对话框中，在"名称"栏输入"嵌板材质"，单击"确定"，如图 6-83 所示，完成材质参数的添加。

图 6-83

栏杆嵌板的使用方法与栏杆一样，在这里不多做说明，在项目中的应用效果就不再展示。

6.7　创建 RPC 族——人物

创建 RPC 族 - 人物

创建步骤如下。

（1）选择样板文件。单击 Revit 界面左上角"应用程序菜单按钮"→"新建"→"族"。在"新族 - 选择样板文件"对话框中，选择"公制 RPC 族 .rft"，单击"打开"，如图 6-84 所示。

（2）调节渲染效果图。在参照标高平面视图中单击第三方平面效果，单击"实例属性"→"标识数据"→"渲染外观"后 □ 按钮，选择"无"，单击"确定"，如图 6-85 所示。

图 6-84

图 6-85

单击"渲染外观"后的"Alex"，弹出对话框，选择"Tina[2]"，单击"确定"，如图 6-86 所示。

图 6-86

（3）设置可见性。转到参考标高视图，单击 RPC 图，在"属性"对话框勾选"可见"，如图 6-87 所示。

图 6-87

（4）载入项目中测试。将创建好的族另存为"人物"，单击"族编辑器"→"载入到项目中"命令，将创建好的人物族载入到项目中。

单击"视图"选项卡→"图形"面板→"渲染"命令，质量设置为"高"，单击"渲染"，完成效果，如图 6-88 所示。

图 6-88

6.8　创建体量族

在 Revit 项目中，可以通过内建体量族和载入体量族两种方式进行建筑概念设计。

6.8.1　创建内建体量

体量可以在项目内部创建，用于表现项目独特的形状，用户进行编辑和修改的环境为项目文件环境，便于观察场地，其他体量或者建筑图元之间的关系。但内建体量只能保存于单个项目文件中。

创建步骤如下。

（1）打开项目文件。单击 Revit 界面左上角的"应用程序菜单"按钮→"新建"→"项目"。在弹出的"新建项目"对话框中，选择样板为软件自带样板，如"建筑样板"，单击"确定"，如图 6-89 所示。

图 6-89

（2）激活体量显示。单击"体量和场地"选项卡→"概念体量"面板→"按视图设置显示体量"命令下拉菜单中"显示体量 形状和楼层"按钮，如图 6-90 所示。

图 6-90

（3）创建体量几何形体。单击"体量和场地"选项卡→"概念体量"面板→"内建体量"命令。在"名称"对话框中输入体量名称"体量 1"，如图 6-91 所示，单击"确定"，进入概念体量设计环境。

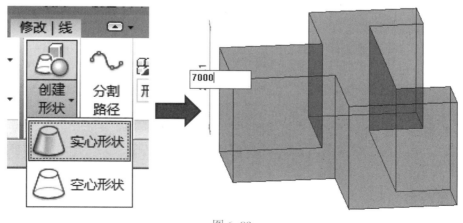

单击"创建"选项卡→"绘制"面板→"直线"命令 按钮，在绘图区域绘制图形，如图 6-92 所示。

图 6-91

图 6-92

选中绘制的图形，单击"修改|线"选项卡→"形状"面板→"创建形状"命令下拉菜单"实心形状"按钮，切换至三维视图，将形体高度调整为 7000，如图 6-93 所示，单击"完成体量"完成体量的绘制，如图 6-94 所示。

图 6-93

图 6-94

创建载入体量

6.8.2 创建载入体量族

载入体量族的编辑环境独立于项目文件之外，可以在多个项目中使用。创建步骤如下。

（1）新建一个项目文件。单击 Revit 界面左上角的"应用程序菜单"按钮→"新建"→"项目"。

在"新族－选择样板文件"对话框中，选择"概念体量"→"公制体量.rft"，单击"打开"，如图 6-95 所示。

（2）创建体量几何形体。单击"绘制"面板→"直线" ◪命令，在绘图区域绘制图形，如图 6-96 所示。

选中绘制的图形，单击"修改|线"选项卡→"形状"面板→"创建形状"命令下拉菜单"实心形状"按钮，切换至三维视图，将形体高度调整为 2000，如图 6-97 所示，完成体量的绘制，如图 6-98 所示。

（3）载入项目中测试。将创建好的族另存为"体量 1"，单击"族编辑器"→"载入到项目中"命令，将创建好的体量族载入项目中。

图 6-95

图 6-96

图 6-97

图 6-98

单击"修改放置放置体量"选项卡→"放置"面板→"放置在面上"或"放置在工作平面上"命令，在绘图区域内合适的位置单击鼠标将其放置，如图 6-99 所示，测试完成。

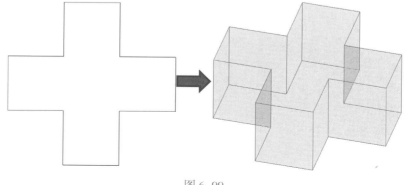

图 6-99

（4）体量楼层的应用。在 Revit 中，可以使用"体量楼层"划分体量，在项目文件中先定义楼层的标高，然后在每个标高处创建体量楼层。在上文的测试体量项目中，单击"修改体量"选项卡→"模型"面板→"体量楼层命令"。在"体量楼层"对话框中勾选体量楼层中所需要的标高，单击"确定"完成，如图 6-100 所示。

图 6-100

学习笔记

关键词

门族；窗族；家具族；内建模型；体量

习　题

一、操作题

1. 完成双窗推拉窗族练习。如习题图 -1 所示，参数要求：窗户高度 1800，宽度 1500，外窗框 60，内框 30。

习题图 –1

2. 创建一个公制家具参数化模型，参数化模型名称为"玻璃圆桌"；给模型添加 2 个材质参数"桌面材质"和"桌柱材质"，设置材质类型分别为"不锈钢"和"玻璃"；添加名为"桌面半径"尺寸参数，设置参数值为 600，其他尺寸不作参数要求。玻璃圆桌尺寸如习题图 –2 所示。

习题图 –2

3. 创建椅子并设置参数。如习题图 –3 要求设置椅子总高度（900）、座椅高度（450），椅子宽度（400）和长度（400）为可调尺寸参数。

主视图 1:10　　　　　　　　左视图 1:10　　　　　　　　三维图

习题图 -3

4. 习题图 -4 为某栏杆。请按照图示尺寸要求新建并制作栏杆的构建集，截面尺寸除扶手外其余杆件均相同。材质方面，扶手及其他杆件材质设为"木材"，挡板材质设为"玻璃"。

习题图 -4

习题图 -4

5. 创建如习题图 -5 所示体量, 要求如下:

①南立面和西立面添加面墙, 面墙厚度为 200mm, 定位线为面层面外部;

②东立面和北立面添加幕墙。纵向网格间距为 1500mm, 横向网格间距为 2000mm, 网格上均设置竖梃, 竖梃为圆形, 竖梃半径 50mm;

③添加楼板厚度 150mm;

④添加屋顶厚度 400mm。

6. 创建如习题图 -6 体量模型, 要求如下:

(1) 面墙为厚度 200mm 的"常规 -200mm 厚面墙", 定位线为"核心层中心线";

(2) 幕墙系统为网格布局 600×1000 (即横向网格间距为 600mm, 竖向网格间距为 1000mm), 网格上均设置竖梃, 竖梃均为圆形竖梃半径 50mm;

(3) 屋顶为厚度为 400mm 的"常规 -400mm"屋顶;

(4) 楼板为厚度为 150mm 的"常规 -150mm"楼板, 标高 1 至标高 6 上均设置楼板。

体量操作题

习题图 -5

30.000 标高 8
24.000 标高 7
20.000 标高 6
16.000 标高 5
12.000 标高 4
8.000 标高 3
4.000 标高 2
±0.000 标高 1

南立面图　1:500

R15000

40000

60000

平面图　1:500

习题图 −6

第7章 设备族的创建

设备族通常是指 MEP 族，主要包括风管管件、防火阀和照明设备等族的创建。

7.1 风管管件

1.选择样板文件

打开样板文件，单击应用程序菜单按钮，单击"新建"侧拉菜单"族"按钮。在弹出的"新族－选择样板文件"对话框中双击打开"注释"文件夹，选"公制常规模型.rft"样板文件，单击"打开"按钮，如图 7-1 所示。

图 7-1

2.修改族类别

单击"创建"→"修改"→"属性"面板"族类别与族参数"按钮，在族类别中选择"风管管件"，"零件类型"修改为"T 形三通"，如图 7-2 所示。

3.创建风管管件及添加参数

（1）创建风管。进入前立面视图，单击"视图"选项卡→"图形"面板→"可见性 / 图形替换"按钮，在弹出的对话框中单击"注释类别"选项卡，勾选"标高"，避免在编辑时对锁定造成影响，如图 7-3 所示。

图 7-2

立面: 前的可见性/图形替换

| 模型类别 | 注释类别 | 导入的类别 |

☑ 在此视图中显示注释类别(S)　　　　　　　　　　　　　　　　如果没有选中某个类别，则该类别将不可见。

可见性
☑ 参照平面
☑ 参照线
☑ 尺寸标注
☐ 自动绘制尺寸标注
☐ 标高

| 全选(L) | 全部不选(N) | 反选(I) | 展开全部(X) |

根据"对象样式"的设置绘制未替代的类别。　　　对象样式(O)...

| 确定 | 取消 | 应用(A) | 帮助 |

图 7-3

进入参照标高平面视图，绘制（见图7-4）参照平面。

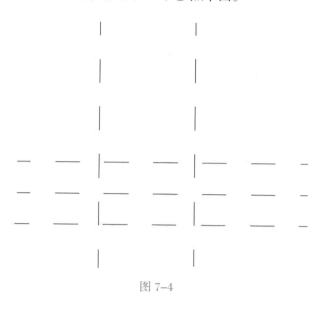

图 7-4

单击"创建"选项卡→"形状"面板→"拉伸"按钮，绘制矩形轮廓并与参照平面锁定，修改拉伸终点为400，如图7-5所示。单击"完成" ✔ 按钮完成拉伸。

图 7-5

对刚刚绘制的参照平面进行尺寸标注及均分，利用对齐命令 ⊔ 将拉伸实体轮廓分别与参照平面锁定，如图7-6所示。

选择刚刚添加的标注，单击选项栏中的"标签"下拉箭头的"添加参数"。在弹出的"参数属性"对话框进行设置，如图7-7所示。

图 7-6

图 7-7

同理,添加"风管长度 1"参数,如图 7-8 所示。

图 7-8

进入前立面视图，绘制如图 7-9 所示参照平面，进行尺寸标注和均分，并对此尺寸标注添加参数。将拉伸几何图形的轮廓与所绘制的参照平面锁定。风管创建完成。

图 7-9

（2）创建风管弯头。

进入参照标高平面视图，单击"创建"选项卡→"形状"面板→"放样" 按钮。选择"绘制路径" 绘制路径，首先绘制参照平面，添加尺寸标注，并为尺寸标注添加参数"L""肩部长度"，如图 7-10 所示。

单击"圆心端点弧" 绘制路径，绘制完成后，单击"注释"选项卡→"尺寸标注"面板→"径向" 按钮，为所绘制的弧形轮廓添加标注，并添加尺寸参数"R"，如图 7-11 所示。单击"完成" 按钮，完成路径绘制。

图 7-10

图 7-11

单击"编辑轮廓" 编辑轮廓按钮，在弹出的对话框中选择"三维视图：视图 1"，进入三维视图，如图 7-12 所示。

图 7-12

绘制矩形轮廓,对轮廓进行尺寸标注和均分,为尺寸标注添加参数"风管宽度 2"和"风管厚度 2",如图 7-13 所示,单击"完成" ✔ 按钮。完成放样。

图 7-13

单击"创建"/"修改"选项卡→"属性"面板→"族类型" 按钮,在弹出的"族类型"对话框中添加公式,如图 7-14 所示。风管弯头创建完成。

图 7-14

（3）创建风管接头。进入右立面视图，单击"创建"选项卡→"形状"面板→"融合"按钮，按照主管轮廓绘矩形轮廓并与主管轮廓锁定，如图 7-15 所示。

图 7-15

单击"编辑顶部" 按钮，绘制一个矩形轮廓，并对轮廓进行尺寸标注和均分，为尺寸添加参数，如图 7-16 所示。单击"完成" ✔ 按钮完成融合。

图 7-16

进入前立面视图，绘制参照平面，添加尺寸标注及参数"变径长度"。将刚刚绘制的融合几何图形的顶部与参照平面锁定，如图 7-17 所示。风管接头创建完成。

变径长度 = 250

图 7-17

（4）整理参数。单击"创建"/"修改"选项卡→"属性"面板→"族类型"按钮，在弹出的"族类型"对话框中，为"变径长度"添加公式，如图 7-18 所示。

变径长度 =if（1.5*（风管宽度 1 －风管宽度 3））>（1.5*（风管厚度 1 －风管厚度 3）），（1.5*（风管宽度 1 －风管宽度 3+1）），（1.5*（风管厚度 1 －风管厚度 3+1）））

族类型				
类型名称(Y)：				
搜索参数				
参数	值	公式	锁定	
图形				
使用注释比例(默认)	☐	=		
尺寸标注				
L(默认)	495.0	=R + 风管厚度2 / 2 + 风管厚度1 / 2	☐	
R(默认)	300.0		☐	
肩部长度(默认)	400.0	=R + 风管厚度2 / 2 + 30 mm	☐	
风管厚度1(默认)	250.0		☐	
风管厚度2(默认)	140.0		☐	
风管宽度(默认)	331.8		☐	
风管宽度2(默认)	121.3		☐	
风管长度(默认)	800.0		☐	
风管长度1(默认)	800.0		☐	
标识数据				

如何管理族类型？　　　　　　　　　　　　　　管理查找表格(G)

确定　　取消　　应用(A)

图 7-18

注意：在后面加上 1 是考虑到如果风管宽度 1 与风管宽度 3 相等时让其差值不为零。

单击"添加"按钮，在弹出的对话框中按照图 7-19 设置，设置参数 n 的默认值为 1，设 n 参数是为了给后面弧形风管半径增加一个曲率参数，方便调节弧度的大小。

为参数 R 编辑公式"R= 风管宽度 2*n"。

图 7-19

4. 添加连接件

进入默认三维视图，单击"创建"选项卡→"连接件"面板→"连接件"下拉菜单→"风管连接件"命令。利用 Tab 键选择所需添加连接件的面逐一添加。如图 7-20 所示。

图 7-20

选择主管连接件，在"属性"对话框中，单击"高度"后的"关联参数"按钮，将"高度"与"风管厚度"相关联，同理，将"宽度"与"风管宽度 1"相关联，如图 7–21 所示。

图 7–21

同理，将其他两个连接件也分别与风管参数相关联。

7.2　防火阀

1.选择样板文件

打开样板文件，单击应用程序菜单按钮，单击"新建"侧拉菜单"族"按钮。在弹出的"新族 – 选择样板文件"对话框中，双击打开"注释"文件夹，选择"公制常规模型 .rft"，单击"打开"按钮，如图 7–22 所示。

图 7-22

2. 修改族类别

单击"创建"/"修改"→"属性"面板→"族类别和族参数"按钮 ，在族类别中选择"风管附件"，"零件类型"修改为"插入"，如图 7-23 所示。

图 7-23

3.创建及添加参数

进入前立面视图，单击"视图"选项卡→"图形"面板→"可见性／图形"按钮，在弹出的对话框中，单击"注释类别"选项卡，不勾选"标高"，避免在编辑时对锁定造成影响，如图 7-24 所示。

图 7-24

进入左立面视图，绘制参照标高，添加尺寸标注，为尺寸标注添加参数，如图 7-25 所示。

单击"创建"选项卡→"形状"面板→"拉伸" 按钮，绘制矩形轮廓并与参照平面锁定，如图 7-26 所示。单击 按钮，完成拉伸。

进入前立面视图，绘制参照平面，添加尺寸标注和均分，为尺寸标注添加实例参数，将拉伸几何图形两端分别与参照平面锁定，如图 7-27 所示。

在前立面视图中，单击"创建"选项卡→"形状"面板→"拉伸" 按钮，绘制矩形轮廓，添加尺寸标注和均分，为尺寸标注定义实例参数，如图 7-28 所示，单击 按钮完成拉伸。

图 7-25

图 7-26

图 7-27

图 7-28

　　进入参照平面视图，在下方绘制一条参照平面，添加尺寸标注，为尺寸标注定义实例参数。将刚刚绘制的实体拉伸几何图形与参照平面锁定，如图 7-29 所示。

图 7-29

　　单击"创建"/"修改"选项卡→"属性"面板→"族类型"按钮，在弹出的"族类型"对话框中为参数"L1"添加公式"L1= 风管宽度 /2"，如图 7-30 所示。

　　进入左立面视图，单击"创建"选项卡→"形状"面板→"拉伸"按钮，绘制矩形轮廓，添加尺寸标注和均分，为尺寸标注定义实例参数，如图 7-31 所示。单击 ✔ 按钮完成拉伸。

　　进入前立面视图，在右侧绘制一条参照平面，添加尺寸标注，为尺寸标注定义实例参数，将刚刚绘制的实体拉伸几何图形与参照平面锁定，如图 7-32 所示。

族类型 ✕

类型名称(Y)：

搜索参数 🔍

参数	值	公式	锁定
图形			⌃
使用注释比例(默认)	☐	=	
尺寸标注			⌃
H(默认)	200.0	=	☐
L1	240.0	=风管宽度/2	☐
L2(默认)	120.0	=	☐
W(默认)	500.0	=	☐
风管厚度	400.0	=	☐
风管宽度(默认)	700.0	=	☐
标识数据			⌄

✏️ 🗋 🗎 ⊢E ⊣E ↓↑ ↑↓　　　管理查找表格(G)

如何管理族类型？　　　　　　确定　　取消　　应用(A)

图 7–30

图 7–31

图 7-32

选定刚刚绘制的参照平面与法兰，单击"修改 / 选择多个"选项卡→"修改"面板→"镜像 – 拾取轴"按钮，拾取"中心（左 / 右）"参照平面，完成镜像命令，如图 7-33所示。

图 7-33

为右侧的参照平面添加尺寸标注并定义参数，将右侧法兰与参照平面锁定，如图 7-34所示。

单击"创建" / "修改"选项卡→"属性"面板→"族类型"按钮，在弹出的"族类型"对话框中设置参数，在"法兰高度"后的公式中编辑公式"风管厚度 +150mm"，同理在"法兰宽度"后的公式中编辑公式"风管宽度 +150mm"，如图 7-35 所示。

图 7-34

图 7-35

4. 添加连接件

进入默认三维视图，单击"创建"选项卡→"连接件"下拉菜单→"风管连接件"命令，利用 Tab 键选择所需添加连接件的面逐一添加，如图 7-36 所示。

图 7-36

选择两个风管连接件，在"属性"对话框中，单击"高度"后的"关联参数"按钮，将"高度"与"风管厚度"相关联。同理，将"宽度"与"风管宽度"相关联，如图 7-37 所示。

图 7-37

7.3 照明设备

1.选择样板文件

打开样板文件，单击应用程序菜单按钮，单击"新建"侧拉菜单→"族"按钮。在弹出的"新建 – 选择样板文件"对话框中，选择"公制照明设备 .rft"样板文件，单击"打开"按钮，如图 7-38 所示。

图 7-38

2.定义光源

进入参照平面视图，选定光源，单击"属性"面板中的"编辑"按钮 ，或者功能区的"定义光源"按钮，进入"光源定义"对话框（见图 7-39），根据需要对光源进行定义。

3.绘制灯具

进入前立面视图，在现有的两个参照平面之间添加尺寸标注并定义参数，如图 7-40 所示。

将光源与"光源高度"参照平面锁定，并将光源高度修改成 500，如图 7-41 所示。

图 7-39

图 7-40

单击"常用"选项卡→"形状"面板→"旋转"按钮→单击"轴线"轴线，用"拾取"命令拾取"光源轴（L/R）"并锁定，如图 7-42 所示。

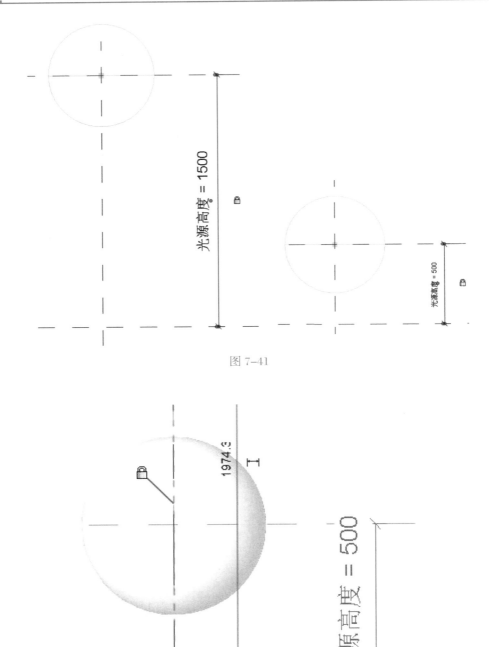

图 7-41

图 7-42

绘制如图 7-43（a）所示的尺寸的轮廓，点击✔完成旋转绘制，效果如图 7-43（b）所示。在"属性"对话框中定义材质参数，如图 7-44 所示。

图 7-43

图 7-44

　　在前立面视图中，单击"常用"选项卡→"形状"面板→"旋转"按钮，单击"轴线"，用"拾取"命令拾取"光源轴（L/R）"并锁定，绘制如图 7-45（a）所示尺寸的轮廓，点击完成旋转绘制，效果如图 7-45（b）所示。并用类似图 7-44 所示的方法定义材质参数"灯罩材质"。

（a） （b）

图 7-45

单击"常用"→"修改"选项卡→"属性"面板→"族类型"按钮，在弹出的"族类型"对话框中为灯座与灯罩指定材质，如图 7-46 所示。

图 7-46

指定材质后的台灯如图 7-47 所示。

图 7-47

4. 载入项目中

将族另存为"台灯"，单击功能区中"载入到项目中"按钮 ，在项目中放置灯具。

学习笔记

关键词

风管管件；防火阀；照明设备；

习　　题

一、单选题

1. 族参数类型不包括以下哪一种（　）？

A. 长度

B. 材质

C. 高度

D. 体积

2. 基于 BIM 技术的设备设计的是（   ）。

A. Architecture

B. Structure

C. MEP

D. Building

二、操作题

1. 用照明设备的知识，创建与习题图 –1 相似的台灯，尺寸自定。

习题图 –1

参考文献

[1] 中华人民共和国住房和城乡建设部 . 建筑信息模型施工应用标准 [M]. 北京：中国建筑工业出版社，2017.

[2] 中华人民共和国住房和城乡建设部 . 建筑信息模型分类和编码标准 [M]. 北京：中国建筑工业出版社，2018.

[3] 李云贵 . 建筑工程施工 BIM 应用指南 [M].2 版 . 北京：中国建筑工业出版社，2017.

[4] 何凤，梁瑛 .Revit 2016 中文版建筑设计从入门到精通 [M]. 北京：人民邮电出版社，2017.

[5] 卫涛，李容，刘依莲，等 . 基于 BIM 的 Revit 建筑与结构设计案例实战 [M]. 北京：清华大学出版社，2017.

[6] 王言磊，张祎男，陈炜 .BIM 结构: Autodesk Revit Structure 在土木工程中的应用 [M]. 北京: 化学工业出版社，2016.

[7] 余雷，张建忠，蒋凤昌，等 .BIM 在医院建筑全生命周期中的应用 [M]. 上海：同济大学出版社，2017.

[8] 刘占省，赵雪锋 .BIM 技术与施工项目管理 [M]. 北京：中国电力出版社，2015.

[9] 栗新然 .BIM 建模 [M]. 重庆：重庆大学出版社，2022.